阳鸿钧 阳育杰 等 编著

装饰装修工程

ZHUANGSHI ZHUANGXIU
GONGCHENG XIBU JIEDIAN
YU ZHENGTI ZUOFA

细部节点与整体做法

化学工业出版社

·北京·

内 容 简 介

本书以通俗易懂、实干实用为出发点，主要阐述了装饰装修工程中细部节点处理方法和整体做法两部分内容。全书共 16 章，主要包括地面工程，防挡水工程，水电暖工程，墙面工程，吊顶工程，门窗工程，涂抹与软包工程，楼梯工程，柜类与窗帘盒，瓷砖与石材，踢脚线与踢脚板，功能间，天窗、屋面与盖瓦，基础与室外，整体做法，整体处理速查等内容。本书以"节点示意图"和"做法总结"的形式，通过大量的构造图和实际工程图片以双色区分的形式展示细部节点做法和整体做法关键点，具有内容全面、要点清晰、直观性强的特点。

本书可供从事装饰装修、建筑施工的技术员、设计师、管理人员、施工人员，以及大中专院校相关专业师生、技能培训速成班师生、自学人员参考，也可供装饰装修公司职业培训、建筑公司职业培训使用。

图书在版编目（CIP）数据

装饰装修工程细部节点与整体做法 / 阳鸿钧等编著
.—北京：化学工业出版社，2023.6

ISBN 978-7-122-42856-1

Ⅰ．①装… Ⅱ．①阳… Ⅲ．①建筑装饰－工程施工
Ⅳ．① TU767

中国国家版本馆 CIP 数据核字（2023）第 028868 号

责任编辑：彭明兰 　　　　　　文字编辑：冯国庆
责任校对：张茜越 　　　　　　装帧设计：史利平

出版发行：化学工业出版社（北京市东城区青年湖南街 13 号　邮政编码 100011）
印　　刷：北京云浩印刷有限责任公司
装　　订：三河市振勇印装有限公司
787mm×1092mm　1/16　印张 15$\frac{1}{2}$　字数 369 千字　2023 年 8 月北京第 1 版第 1 次印刷

购书咨询：010-64518888 　　　　　　　售后服务：010-64518899
网　　址：http：//www.cip.com.cn

凡购买本书，如有缺损质量问题，本社销售中心负责调换。

定　　价：78.00 元 　　　　　　　　　　　　　　　版权所有　违者必究

前 言

在装饰装修工程中，有很多细部节点，这在整体设计和施工中占有很重要的位置，可以说细部节点处理是否得当关系到整体做法质量的好坏。但节点往往涉及多个交接面的工作，这对于初学设计与施工的人员来说，理解和处理起来比较费劲，如果能将节点处理做法通过构造图和实物照片结合的方式进行讲解，那么学起来就会容易很多。为了帮助读者快速掌握装饰装修细部节点处理和整体做法，笔者结合多年来的实际工作经验，特编写了本书。本书具有以下特点。

1. 内容全面。涵盖墙面、地面、顶面及水电门窗等重点施工工艺中的 280 余个细部节点处理方法，46 个整体做法，10 个整体处理速查，共计 115 种图案，内容丰富且实用。

2. 要点清晰。编写过程中按节点来讲，分"节点示意图"和"做法总结"两大部分来展示。

3. 直观性强。每个节点都配有相关图例进行讲解，将做法要点直接在图上以颜色区分表现，简单直观。

4. 视频讲解。重点节点做法配有现场做法视频。

本书由 16 章组成，分别介绍了地面工程，防挡水工程，水电暖工程，墙面工程，吊顶工程，门窗工程，涂抹与软包工程，楼梯工程，柜类与窗帘盒，瓷砖与石材，踢脚线与踢脚板，功能间，天窗、屋面与盖瓦，基础与室外，整体做法，整体处理速查等内容。

本书由阳鸿钧、阳育杰、阳许倩、许秋菊、欧小宝、许四一、阳红珍、许满菊、许小菊、阳梅开、阳苟妹等人员参加编写或支持编写，并且得到了一些同行、朋友、有关单位的帮助，以及参考了有关资料。在此，一并表示衷心的感谢！

在本书编写过程中，笔者参考了有关标准、规范、要求、方法等资料，而一些标准、规范、要求、方法等会存在更新、修订、新政策的情况，因此，凡涉及这些标准、规范、要求、方法的更新、修订、新政策等情况，请读者及时跟进现行的情况，进行对应调整。

由于水平有限，书中难免存在不足之处，敬请读者批评、指正。

目 录

第 2 章

防挡水工程

25

第 5 章

吊顶工程

68

第 8 章

————

楼梯工程

————

109

第 9 章

————

柜类与窗帘盒

————

116

第 13 章

————

天窗、屋面与盖瓦

————

156

第 14 章

————

基础与室外

————

165

第2篇 ──────────────── 176

快速掌握装饰装修——整体做法

第 1 篇

快速掌握装饰装修——细部节点

第 1 章

地面工程

1.1　大面积地面冲筋做法

> ⊷ 节点示意图　大面积地面冲筋处理细部节点示意图，如图 1-1 所示。

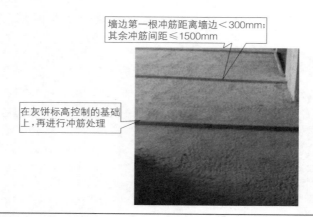

墙边第一根冲筋距离墙边＜300mm；其余冲筋间距≤1500mm

在灰饼标高控制的基础上，再进行冲筋处理

图 1-1　大面积地面冲筋做法

> ⊟ 做法总结　大面积地面冲筋做法：在灰饼标高控制的基础上，再进行冲筋处理，这样有利于在施工中进行标高控制。做灰饼时，先做两头灰饼，后做中间灰饼，并且根据灰饼距离墙边＜300mm、灰饼纵向间距≤1500mm 进行设置。墙边第一根冲筋距离墙边＜300mm；其余冲筋间距≤1500mm。

1.2　楼地面块材定位带（标筋）做法

> ⊷ 节点示意图　楼地面块材定位带（标筋）处理细部节点示意图，如图 1-2 所示。

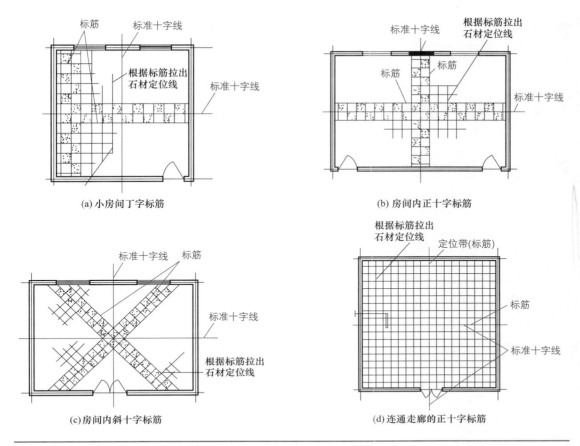

(a) 小房间丁字标筋

(b) 房间内正十字标筋

(c) 房间内斜十字标筋

(d) 连通走廊的正十字标筋

图 1-2　楼地面块材定位带（标筋）做法

【做法总结】　楼地面块材定位带（标筋）做法，需要根据不同标筋类型来进行。常见的标筋类型有丁字标筋、十字标筋、斜十字标筋等。

1.3　门口冲筋节点做法

【节点示意图】　门口冲筋节点处理细部节点示意图，如图 1-3 所示。

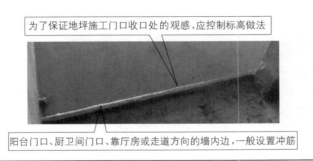

为了保证地坪施工门口收口处的观感，应控制标高做法

阳台门口、厨卫间门口、靠厅房或走道方向的墙内边，一般设置冲筋

图 1-3　门口冲筋节点做法

做法总结 为了确保厅房门口、户门口内通道部位后期装修地板铺设质量的需要，根据灰饼标高进行贯通冲筋设置。门口冲筋一般采用独立冲筋做法。

1.4 管道穿越楼板、屋面板预埋套管做法

节点示意图 管道穿越楼板、屋面板预埋套管做法细部节点示意图，如图 1-4 所示。

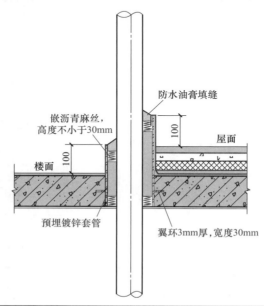

图 1-4 管道穿越楼板、屋面板预埋套管做法

做法总结 管道穿越楼板、屋面板预埋套管做法，关键点就是套管与防水的处理。

1.5 地漏口堵塞节点做法

节点示意图 地漏口堵塞节点做法细部节点示意图，如图 1-5 所示。

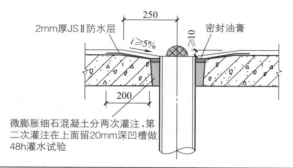

图 1-5 地漏口堵塞节点做法

做法总结 地漏口堵塞，包括密封油膏、防水层，以及微膨胀细石混凝土分两次灌注，并且第二次灌注在上面留 20mm 深凹槽做 48h 灌水试验等做法。

1.6 地漏铺贴做法

节点示意图 地漏铺贴做法细部节点示意图，如图 1-6 所示。

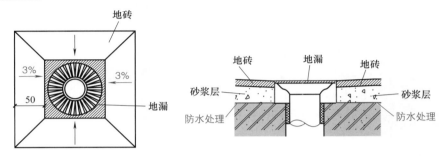

图 1-6 地漏铺贴做法

做法总结 地漏收口可以采用回字地漏方式。回字地漏排水快。回字地漏的瓷砖切块可以选择专用模型工具。

1.7 地漏管根打孔为二次侧排做法

节点示意图 地漏管根打孔为二次侧排做法细部节点示意图，如图 1-7 所示。

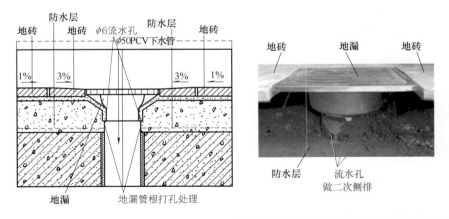

图 1-7 地漏管根打孔为二次侧排做法

做法总结 地漏管根打孔为二次侧排做法，主要是需要打流水孔。

1.8　厨房地漏处理

节点示意图　厨房地漏处理细部节点示意图，如图 1-8 所示。

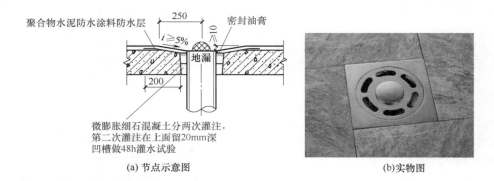

(a) 节点示意图　　　　(b)实物图

图 1-8　厨房地漏的处理

做法总结　厨房地漏埋设标高要略微高于防水基层，并且地漏四周预留 10mm×20mm 的环形凹槽或斜坡槽。该槽用密封材料进行密封处理，再在地漏四周预先增设一层附加层。如果附加层选择聚合物水泥防水涂料涂刷，则其宽度大约为 200mm、厚度大约为 2mm。

1.9　门槛石抗渗体做法

节点示意图　门槛石抗渗体做法细部节点示意图，如图 1-9 所示。

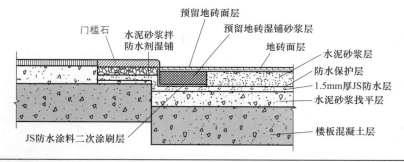

图 1-9　门槛石抗渗体做法

做法总结　门槛石抗渗体做法，主要是需要做防水处理与高差等细节。

1.10　卫生间门槛石收口处理

节点示意图　卫生间门槛石收口处理细部节点示意图，如图 1-10 所示。

图 1-10　卫生间门槛石收口处理

做法总结　卫生间门槛石坐浆应均匀，并且与地面的空缝填缝剂连贯。否则，会引起卫生间门槛渗漏、门槛石断裂等异常现象。

1.11　石材地面与瓷砖收边条处理

节点示意图　石材地面与瓷砖收边条处理细部节点示意图，如图 1-11 所示。

收边条　　　　　　　　　　　　石材
　　　　　　　　　　　　　　地面

图 1-11　石材地面与瓷砖收边条处理

做法总结　石材地面与瓷砖收边条处理，过渡要平滑、合理。

1.12　石材地面与地板收边处理

节点示意图　石材地面与地板收边处理细部节点示意图，如图 1-12 所示。

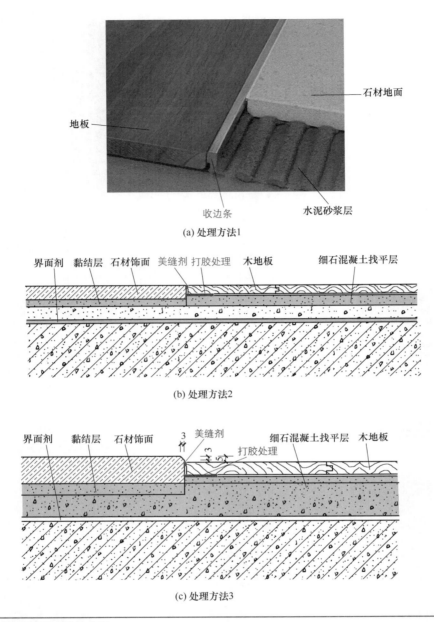

地板

石材地面

收边条

水泥砂浆层

(a) 处理方法1

界面剂　黏结层　石材饰面　美缝剂　打胶处理　木地板　　　细石混凝土找平层

(b) 处理方法2

界面剂　　黏结层　　石材饰面　　美缝剂　　细石混凝土找平层　木地板

打胶处理

(c) 处理方法3

图 1-12　石材地面与地板收边处理

📑 做法总结　　石材地面与地板收边处理，有不同做法，例如收边条处理、美缝剂处理等。采用收边条处理时，其条宽度一定要根据石材地面与地板的面积大小以美观为依据进行确定。

1.13　石材地面、地砖与石材过门石做法

➡️ 节点示意图　　石材地面、地砖与石材过门石做法细部节点示意图，如图 1-13 所示。

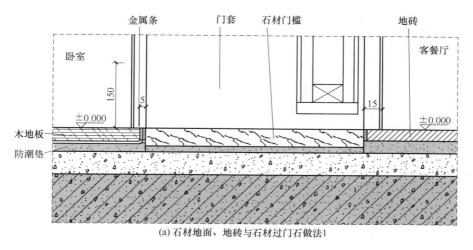

(a) 石材地面、地砖与石材过门石做法1

(b) 石材地面、地砖与石材过门石做法2

(c) 石材地面、地砖与石材过门石做法3

图 1-13 石材地面、地砖与石材过门石做法

📑 **做法总结** 石材地面、地砖与石材过门石做法，主要涉及结合部位的处理、标高等细节的处理。

1.14　地砖与配套的踢脚线对缝处理

➡️ 节点示意图）　地砖与配套的踢脚线对缝处理细部节点示意图，如图 1-14 所示。

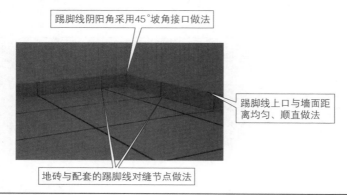

踢脚线阴阳角采用45°坡角接口做法

踢脚线上口与墙面距离均匀、顺直做法

地砖与配套的踢脚线对缝节点做法

图 1-14　地砖与配套的踢脚线对缝处理

📋 做法总结）　地砖与配套的踢脚线采用对缝处理，线条在视觉上具有延伸性、空间性等特点。

1.15　实木地板安装节点处理

➡️ 节点示意图）　实木地板安装节点处理细部节点示意图，如图 1-15 所示。

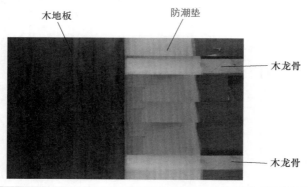

木地板

防潮垫

木龙骨

木龙骨

图 1-15　实木地板安装节点处理

📋 做法总结）　实木地板安装节点处理，木龙骨需要进行防火防潮处理，采取放防潮垫，地板与墙之间留大约 10mm 宽的缝隙等措施。

1.16　实木复合地板与地砖收口位置处理

➡️ 节点示意图）　实木复合地板与地砖收口位置处理细部节点示意图，如图 1-16 所示。

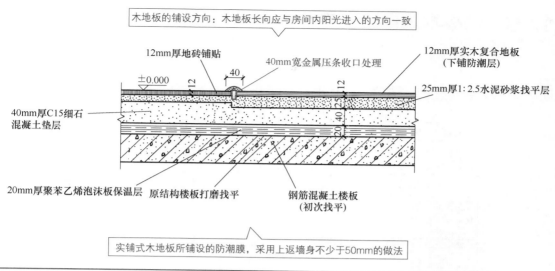

图 1-16　实木复合地板与地砖收口位置节点处理

做法总结　实木复合地板板面，应无翘曲、无脱缝、无高低差，实木复合地板面层的接头位置应错开，并保证缝隙严密、表面洁净。

1.17　实木地板与地砖间过门石收口位置节点做法

节点示意图　实木地板与地砖间过门石收口位置节点做法细部节点示意图，如图 1-17 所示。

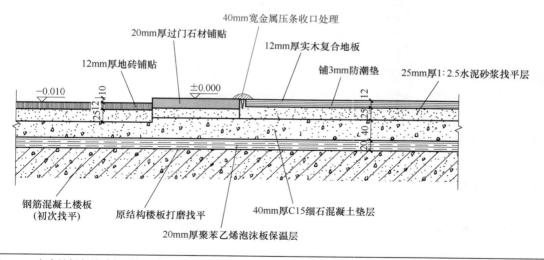

图 1-17　实木地板与地砖间过门石收口位置节点做法

做法总结　实木地板与地砖间过门石收口位置做法，其实就是木到石到砖的界面交接处理，木到石需要采用收口条来处理，石到砖直接采用拼接处理的方式。

1.18　地板木龙骨铺设节点处理

→ 节点示意图　地板木龙骨铺设节点处理细部节点示意图，如图 1-18 所示。

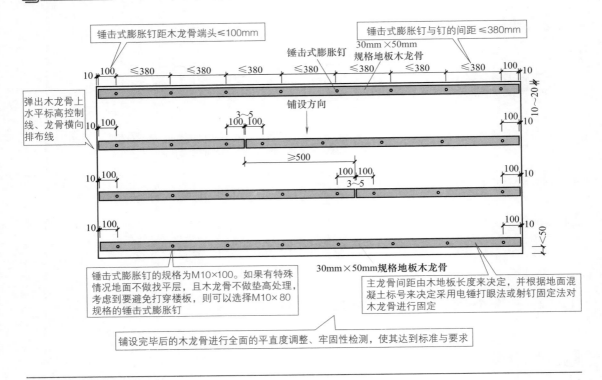

锤击式膨胀钉距木龙骨端头≤100mm

锤击式膨胀钉与钉的间距 ≤380mm

30mm×50mm
规格地板木龙骨

锤击式膨胀钉

铺设方向

弹出木龙骨上水平标高控制线、龙骨横向排布线

锤击式膨胀钉的规格为M10×100。如果有特殊情况地面不做找平层，且木龙骨不做垫高处理，考虑到要避免打穿楼板，则可以选择M10×80规格的锤击式膨胀钉

30mm×50mm规格地板木龙骨

主龙骨间距由木地板长度来决定，并根据地面混凝土标号来决定采用电锤打眼法或射钉固定法对木龙骨进行固定

铺设完毕后的木龙骨进行全面的平直度调整、牢固性检测，使其达到标准与要求

图 1-18　地板木龙骨铺设节点处理

📋 做法总结　　地板木龙骨铺设处理工序：处理基层→施工放线→木龙骨铺垫与固定→找平。木龙骨端头距墙面留大约 10mm 间隙。沿木龙骨方向，邻墙木龙骨侧面距墙面留 10 ～ 20mm 间隙。由于模数等原因，最后一根木龙骨与墙面间距无法留 10 ～ 20mm 的间隙，则最大间隙不超过 50mm，木龙骨与木龙骨接缝留 3 ～ 5mm 的间隙，相邻木龙骨接缝的间距需大于等于 500mm。

1.19　型材门槛与地板压条交接节点处理

→ 节点示意图　型材门槛与地板压条交接节点处理细部节点示意图，如图 1-19 所示。

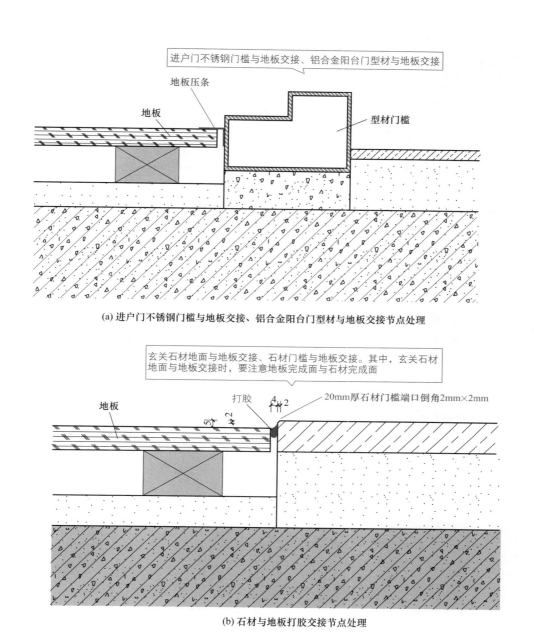

（a）进户门不锈钢门槛与地板交接、铝合金阳台门型材与地板交接节点处理

（b）石材与地板打胶交接节点处理

图 1-19　型材门槛与地板压条交接节点处理

📋 做法总结　进户门不锈钢门槛与地板交接、铝合金阳台门型材与地板交接节点处理，属于门槛到地板交接界面的处理。石材与地板打胶交接节点处理，属于石到地板交接界面的处理。

1.20　地砖砂浆干法铺贴处理

▶ 节点示意图　地砖砂浆干法铺贴处理细部节点示意图，如图 1-20 所示。

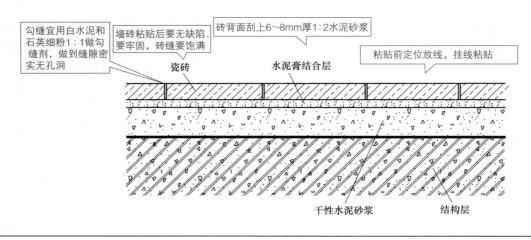

图 1-20   地砖砂浆干法铺贴处理

做法总结   地砖砂浆干法铺贴处理工序：选材→处理基层→排布与放线→地面湿水与泡砖→铺贴→勾缝与保护。开关面板、水管的出水孔不能跨砖。铺贴上排砖后要将上部空隙填满，墙砖的最下面一排砖要留到地砖完后再铺贴等。

1.21   瓷砖踢脚线与地砖铺贴处理

节点示意图   瓷砖踢脚线与地砖铺贴处理细部节点示意图，如图 1-21 所示。

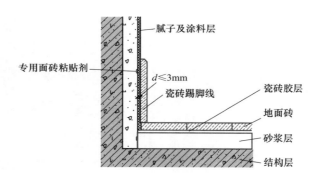

图 1-21   瓷砖踢脚线与地砖铺贴处理

做法总结   瓷砖踢脚线与地砖铺贴处理，一般采用瓷砖踢脚线压地砖形式。

1.22   地砖、石材与石材踢脚线铺贴处理

节点示意图   地砖、石材与石材踢脚线铺贴处理细部节点示意图，如图 1-22 所示。

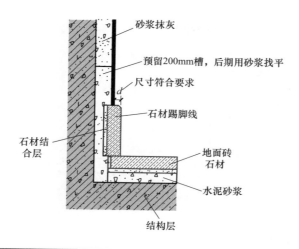

图 1-22 地砖、石材与石材踢脚线铺贴处理

做法总结　地砖、石材与石材踢脚线铺贴处理，石材踢脚线露出厚度应根据设计要求来确定。

1.23 墙砖、地砖湿法铺贴处理

节点示意图　墙砖、地砖湿法铺贴处理细部节点示意图，如图 1-23 所示。

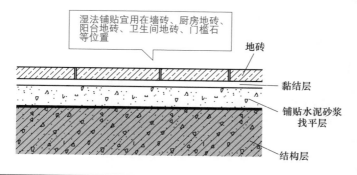

图 1-23 墙砖、地砖湿法铺贴处理

做法总结　砖充分浸水，一般粘贴前浸泡 2h 以上，并且墙面、地面也要湿水，砖墙提前 1 天，混凝土墙提前 3 ～ 4h。

1.24 卫生间地砖与墙砖铺贴节点处理

节点示意图　卫生间地砖与墙砖铺贴节点处理细部节点示意图，如图 1-24 所示。

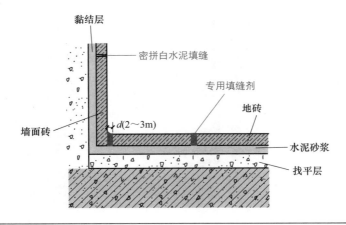

图 1-24 卫生间地砖与墙砖铺贴节点处理

做法总结 卫生间地砖与墙砖铺贴节点处理，根据设计要求考虑采用墙砖压地砖还是地砖压墙砖的做法。

1.25 墙砖、地砖全部为马赛克节点处理

节点示意图 墙砖、地砖全部为马赛克节点处理细部节点示意图，如图 1-25 所示。

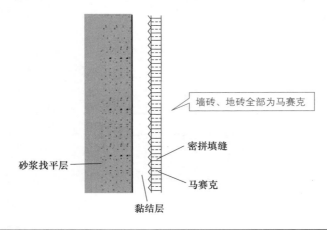

图 1-25 墙砖、地砖全部为马赛克节点处理

做法总结 墙砖、地砖全部为马赛克节点处理，黏结层目前一般采用瓷砖胶。

1.26 卫生间地砖与墙砖节点处理

节点示意图 卫生间地砖与墙砖节点处理细部节点示意图，如图 1-26 所示。

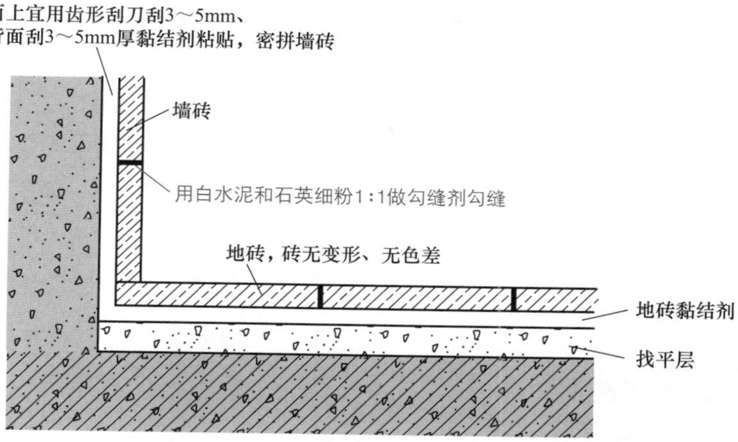

墙面上宜用齿形刮刀刮3～5mm、
砖背面刮3～5mm厚黏结剂粘贴，密拼墙砖

墙砖

用白水泥和石英细粉1:1做勾缝剂勾缝

地砖，砖无变形、无色差

地砖黏结剂

找平层

图 1-26 卫生间地砖与墙砖节点处理

📋 **做法总结**　卫生间地砖与墙砖节点处理前，需要检查墙体垂直度、平整度、地面水平度、坡度并满足要求。处理时，需要注意开关面板或水管的出水孔不能跨砖，采用墙砖压地砖的形式。

1.27　踢脚线与地砖铺贴节点处理

➡️ **节点示意图**　踢脚线与地砖铺贴节点处理细部节点示意图，如图 1-27 所示。

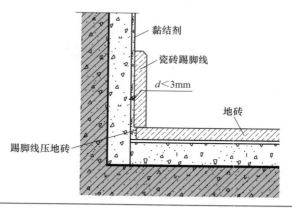

黏结剂

瓷砖踢脚线

$d<3mm$

地砖

踢脚线压地砖

图 1-27 踢脚线与地砖铺贴节点处理

📋 **做法总结**　踢脚线与地砖铺贴节点处理，可以采用踢脚线压地砖的形式。

1.28　地面管线做法

➡️ **节点示意图**　地面管线做法细部节点示意图，如图 1-28 所示。

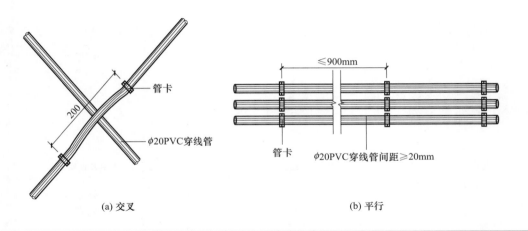

(a) 交叉 (b) 平行

图 1-28　地面管线做法

做法总结　地面管线做法，主要涉及交叉、平行走法的要求。

1.29　水泥砂浆地面的处理

节点示意图　水泥砂浆地面的处理细部节点示意图，如图 1-29 所示。

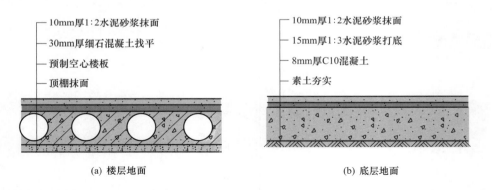

(a) 楼层地面 (b) 底层地面

图 1-29　水泥砂浆地面的处理

做法总结　地面的类型与处理如下。

① 整体类地面——包括水泥砂浆地面、细石混凝土地面、磨石地面等。

② 块材类地面——包括普通黏土砖、大阶砖、水泥花砖、缸砖、陶瓷地砖、陶瓷锦砖、人造石板、天然石板、木地面等。

③ 卷材类地面——包括油地毡、橡胶地毡、塑料地毡、铺设地毯的地面等。

④ 涂料类地面——包括多种水乳型、水溶型、剂型涂料等。

水泥砂浆地面构造简单、坚固、能防潮防水且造价低，但是水泥地面蓄热系数大，冬天感觉冷，表面起灰且不易清洁。

1.30 改善整体类地面返潮处理

➔ 节点示意图 改善整体类地面返潮处理细部节点示意图，如图 1-30 所示。

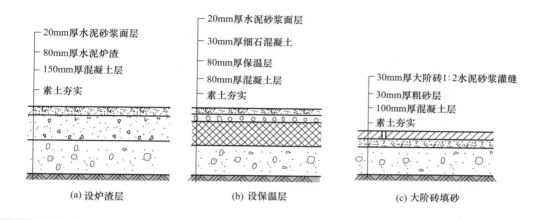

图 1-30 改善整体类地面返潮处理

做法总结 改善整体类地面返潮处理，可以设置保温层、填砂等。

1.31 干法地暖龙骨开槽节点处理

➔ 节点示意图 干法地暖龙骨开槽节点处理细部节点示意图，如图 1-31 所示。

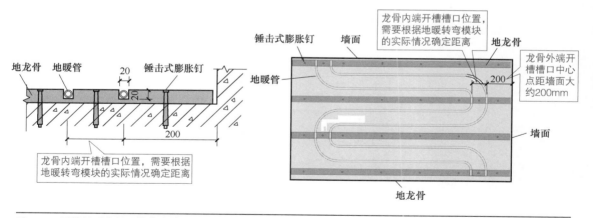

图 1-31 干法地暖龙骨开槽节点处理

做法总结 干法地暖龙骨开槽节处理时，龙骨内端开槽槽口位置，需要根据地暖转弯模块的实际情况确定距离。龙骨外端开槽槽口中心点距墙面大约 200mm。

1.32 地热节点处理

→ 节点示意图 地热节点处理细部节点示意图，如图 1-32 所示。

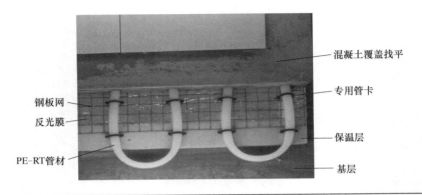

图 1-32 地热节点处理

做法总结 地热节点处理，包括清理基层、铺设保温层、铺设反光膜、铺设钢板网、安装 PE-RT 管材、专用管卡固定、混凝土覆盖找平等工序。

1.33 瓷砖、大理石地暖节点处理

→ 节点示意图 瓷砖、大理石地暖节点处理细部节点示意图，如图 1-33 所示。

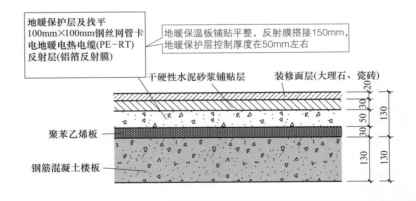

图 1-33 瓷砖、大理石地暖节点处理

做法总结 进行大理石铺贴时需要注意不要有空鼓。进行基层处理时，必须清理干净，并且用水彻底冲洗，晾干后施工。铺干硬性水泥砂浆时，砂浆必须搅拌均匀，不得用稀砂浆。结合层砂浆，需要采用拍实、揉平、搓毛等做法。

1.34 地台节点处理

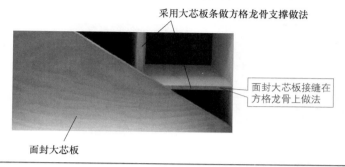

⇒ 节点示意图 地台节点处理细部节点示意图，如图 1-34 所示。

采用大芯板条做方格龙骨支撑做法

面封大芯板接缝在
方格龙骨上做法

面封大芯板

图 1-34　地台节点处理

📋 做法总结 地台节点处理，可以采用大芯板条做 300mm×300mm 方格龙骨支撑做法，并且做防火处理，同时面封大芯板。

1.35 木到砖接口节点处理

⇒ 节点示意图 木到砖接口节点处理细部节点示意图，如图 1-35 所示。

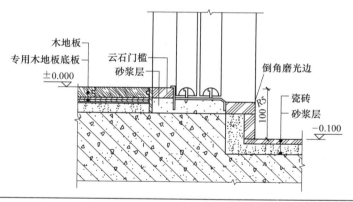

木地板
专用木地板底板
±0.000
云石门槛
砂浆层
倒角磨光边
瓷砖
砂浆层
-0.100

图 1-35　木到砖接口节点处理

📋 做法总结 木到砖接口，也就是木地板到瓷砖接口。对于木地板的处理，包括木地板与专用木地板底板之间的处理。对于瓷砖的处理，包括砂浆层与瓷砖之间的处理。

1.36 木到石到砖接口节点处理

⇒ 节点示意图 木到石到砖接口节点处理细部节点示意图，如图 1-36 所示。

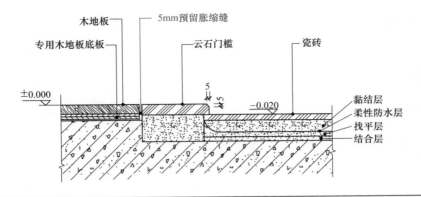

图 1-36　木到石到砖接口节点处理

🗒️ 做法总结　木到石到砖接口，也就是木地板到石门槛到瓷砖接口。不同功能间的地面其接口处理层不同。例如卫生间的瓷砖地面要做防水处理。

1.37　木到石接口节点处理

➡️ 节点示意图　木到石接口节点处理细部节点示意图，如图 1-37 所示。

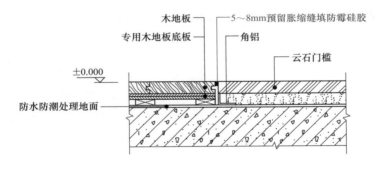

图 1-37　木到石接口节点处理

🗒️ 做法总结　木到石接口，也就是木地板到石材接口。该接口处可以采用角铝、填硅胶等处理方式。

1.38　木到石到木接口节点处理

➡️ 节点示意图　木到石到木接口节点处理细部节点示意图，如图 1-38 所示。

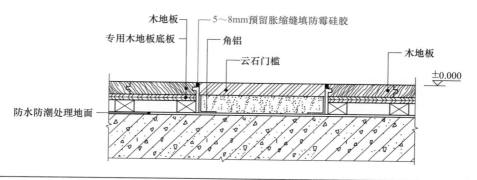

图 1-38　木到石到木接口节点处理

📑 做法总结　木到石到木接口节点处理，也就是木地板到石材到木地板接口节点处理。

1.39　阳台地面户外木到砖接口节点处理

📑 节点示意图　阳台地面户外木到砖接口节点处理细部节点示意图，如图 1-39 所示。

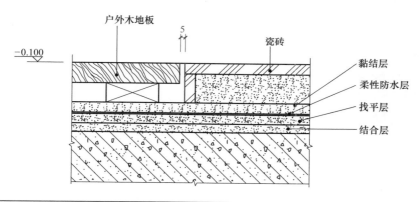

图 1-39　阳台地面户外木到砖接口节点处理

📑 做法总结　阳台地面户外木到砖接口，也就是阳台地面户外木地板到瓷砖接口。注意木地板与瓷砖间保留大约 5mm 的间隙。

1.40　卧室地毯到石到地毯接口节点处理

📑 节点示意图　卧室地毯到石到地毯接口节点处理细部节点示意图，如图 1-40 所示。

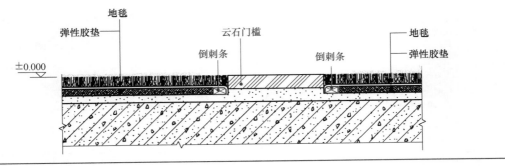

图 1-40 卧室地毯到石到地毯接口节点处理

📋 做法总结　　卧室地毯到石到地毯接口，也就是卧室地毯到石材到地毯接口。注意：地毯与石材间采用倒刺条来处理。

第**2**章

防挡水工程

2.1　管口与阴角防水处理

▶ 节点示意图　管口与阴角防水处理细部节点示意图，如图 2-1 所示。

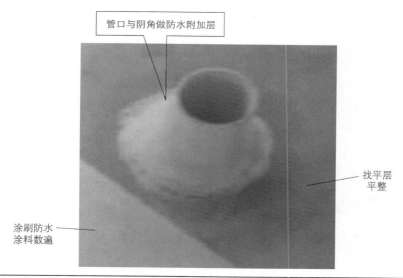

管口与阴角做防水附加层

找平层
平整

涂刷防水
涂料数遍

图 2-1　管口与阴角防水处理

≡ 做法总结　管口与阴角防水处理除了常见的要求找平层平整、涂刷防水涂料数遍外，管口与阴角处还需做防水附加层处理。

2.2　后铺法门槛位置防水处理

▶ 节点示意图　后铺法门槛位置防水处理细部节点示意图，如图 2-2 所示。

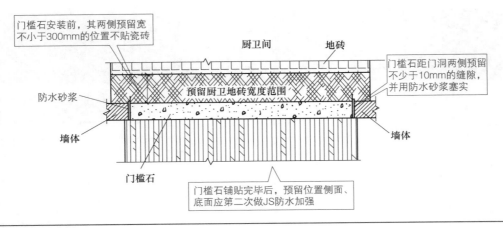

图 2-2　后铺法门槛位置防水处理

▤ 做法总结　　防水砂浆湿贴门槛石处理，需要将门槛石下邻厨卫内侧立面粘贴砂浆收平收光。门槛石长度离门洞两侧留有 10mm 以上的空隙，并且空隙采用防水砂浆填塞密实，填平门槛石上口并且收平。预留未贴地砖部位清理干净，对不平整位置进行修补，并且阴角位置抹 50mm 的圆角，以满足防水施工处理要求。

2.3　厨房烟道防水处理

⤍ 节点示意图　　厨房烟道防水处理细部节点示意图，如图 2-3 所示。

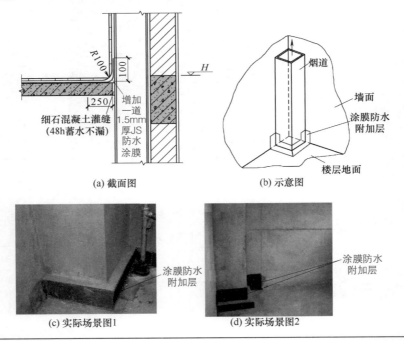

图 2-3　厨房烟道防水处理

做法总结　厨房烟道与地面相交处附近应做防水附加层。该防水附加层可以选择聚合物乳液防水涂料涂刷，其宽度大约为 200mm、厚度大约为 2mm。另外，厨房烟道防水处理，注意交界位置采用圆弧方式。

2.4　厨房排水立管防水处理

节点示意图　厨房排水立管防水处理细部节点示意图，如图 2-4 所示。

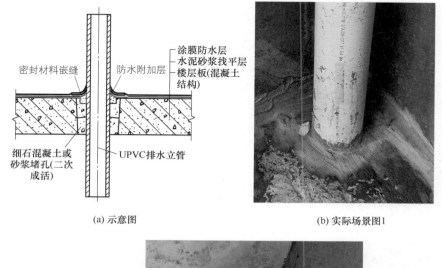

密封材料嵌缝　防水附加层　涂膜防水层　水泥砂浆找平层　楼层板(混凝土结构)

细石混凝土或砂浆堵孔(二次成活)　UPVC排水立管

(a) 示意图　(b) 实际场景图1

(c) 实际场景图2

图 2-4　厨房排水立管防水处理

做法总结　进行厨房排水立管防水处理时，首先要在厨房排水立管周围预留 10mm×20mm 环形凹槽或斜坡槽，以及在该槽内要嵌填密封材料。然后在立管周围预先增设一层附加层。该附加层可以选择聚合物乳液防水涂料涂刷，其宽度大约为 200mm，厚度大约为 2mm。

2.5　厕所、浴室间墙壁地面防水处理

节点示意图　厕所、浴室间墙壁地面防水处理细部节点示意图，如图 2-5 所示。

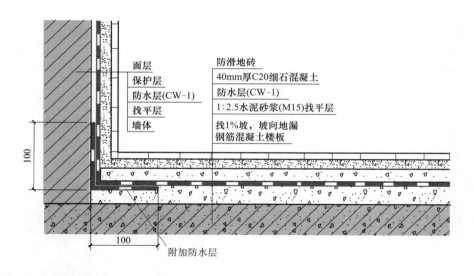

图 2-5　厕所、浴室间墙壁地面防水处理

做法总结　厕所、浴室墙壁地面防水处理，注意防水层上应设置保护层的做法。

2.6　穿卫生间烟道防水节点处理

节点示意图　穿卫生间烟道防水节点处理细部节点示意图，如图 2-6 所示。

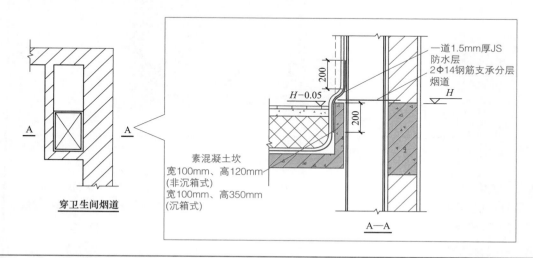

图 2-6　穿卫生间烟道防水节点处理

做法总结　进行穿卫生间烟道防水节点处理时，应有素混凝土坎、增加一道 1.5mm 厚 JS 防水层、2Φ14 钢筋支承分层烟道等细节做法。

2.7　同层排水卫生间楼面防水处理

节点示意图　同层排水卫生间楼面防水处理细部节点示意图，如图 2-7 所示。

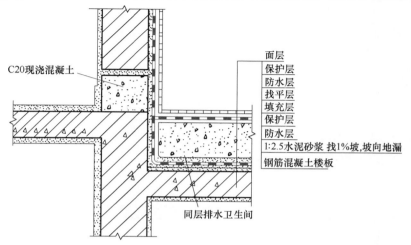

C20现浇混凝土

面层
保护层
防水层
找平层
填充层
保护层
防水层
1:2.5水泥砂浆 找1%坡,坡向地漏
钢筋混凝土楼板

同层排水卫生间

图 2-7　同层排水卫生间楼面防水处理

做法总结　进行基层处理时，基层应平整、坚实、干净、无浮灰、无油污、阴阳角加强处理。如果基层存在起砂、开裂、破损等缺陷部位，则应剔凿打磨后，再用防水修补料进行处理。

2.8　卫生间 1、2 遍防水处理

节点示意图　卫生间 1、2 遍防水处理细部节点示意图，如图 2-8 所示。

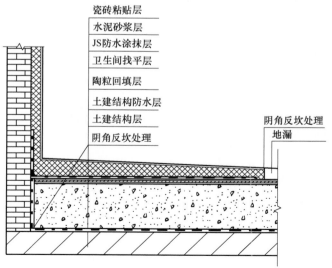

瓷砖粘贴层
水泥砂浆层
JS防水涂抹层
卫生间找平层
陶粒回填层
土建结构防水层
土建结构层
阴角反坎处理

阴角反坎处理
地漏

图 2-8　卫生间 1、2 遍防水处理

📑 做法总结　进行卫生间1、2遍防水处理时，阴阳角倒角做圆角处理。进行保护层处理时，可以采用水泥砂浆保护找平处理。进行防水层处理时，第一遍防水与第二遍防水呈90°十字涂刷。涂刷2遍，涂抹厚度为2mm，阴阳角涂刷到位。

2.9　阳台露台的坡度处理

➡️ 节点示意图　阳台露台的坡度处理细部节点示意图，如图2-9所示。

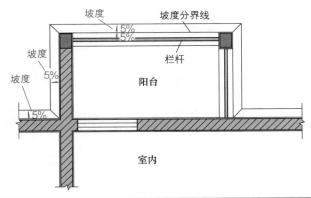

图2-9　阳台露台的坡度处理

📑 做法总结　阳台露台的坡度应朝向出水孔或者阳台外面。

2.10　阳台阴角防水处理

➡️ 节点示意图　阳台阴角防水处理细部节点示意图，如图2-10所示。

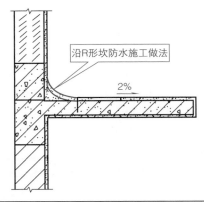

图2-10　阳台阴角防水处理

📑 做法总结　阳台阴角防水处理，主要包括砂浆沿着墙面阴角制作R形坎，并且与墙面、地面交接位置做顺平处理。

2.11 非封闭阳台板防水处理

节点示意图 非封闭阳台板防水处理细部节点示意图，如图 2-11 所示。

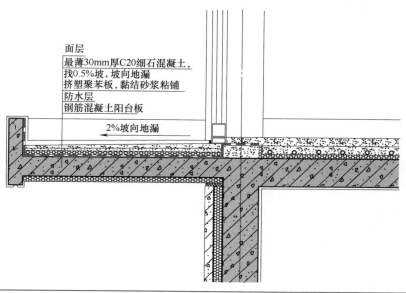

面层
最薄30mm厚C20细石混凝土，
找0.5%坡，坡向地漏
挤塑聚苯板，黏结砂浆粘铺
防水层
钢筋混凝土阳台板

2%坡向地漏

图 2-11 非封闭阳台板防水处理

做法总结 进行非封闭阳台板防水处理时，应注意坡度为 2%，并且坡向地漏。

2.12 阳台外墙局部防水处理

节点示意图 阳台外墙局部防水处理细部节点示意图，如图 2-12 所示。

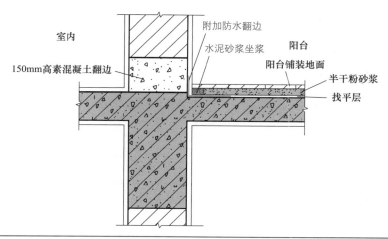

室内
附加防水翻边
水泥砂浆坐浆
阳台
150mm高素混凝土翻边
阳台铺装地面
半干粉砂浆
找平层

图 2-12 阳台外墙局部防水处理

做法总结　外墙防水处理，主要包括清理基层、清理死角、备好防水材料、根据防水材料配比搅拌、涂刷或者铺装等。阳台外墙局部防水处理，也需要养护、保护。

2.13　阳台墙壁踢脚防水节点处理

节点示意图　阳台墙壁踢脚防水节点处理细部节点示意图，如图 2-13 所示。

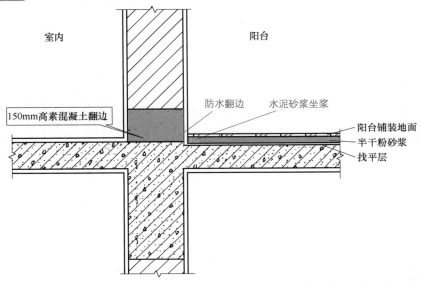

室内　　　　　　　　　阳台

150mm高素混凝土翻边　　　防水翻边　水泥砂浆坐浆

阳台铺装地面
半干粉砂浆
找平层

图 2-13　阳台墙壁踢脚防水节点处理

做法总结　阳台墙壁踢脚防水节点处理，需要注意防水要翻边的做法。

2.14　玻璃幕墙构造阳台防水节点处理

节点示意图　玻璃幕墙构造阳台防水节点处理细部节点示意图，如图 2-14 所示。

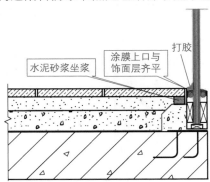

打胶

水泥砂浆坐浆　涂膜上口与
饰面层齐平

图 2-14　玻璃幕墙构造阳台防水节点处理

做法总结 进行玻璃幕墙构造阳台防水节点处理时，需要注意防水后，玻璃与瓷砖交界位置应打胶。

2.15 室外门、门槛石铺装与防水节点处理

节点示意图 室外门、门槛石铺装与防水节点处理细部示意图，如图 2-15 所示。

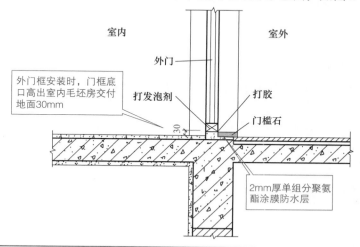

图 2-15 室外门、门槛石铺装与防水节点处理

做法总结 在卫生间安装门槛石时，应在卫生间内的侧面留点缝隙（大约 5mm），然后用建筑胶水密封缝隙，这样可以有效防止渗水。

2.16 转角位置防水加强层处理

节点示意图 转角位置防水加强层处理细部节点示意图，如图 2-15 所示。

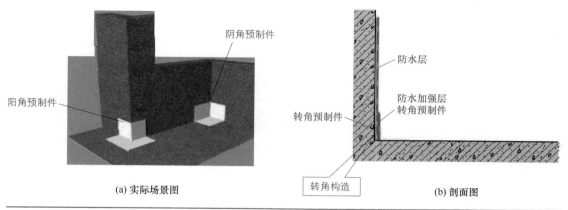

(a) 实际场景图　　　　　　　　(b) 剖面图

图 2-16 转角位置防水加强层处理

做法总结 室内防水阴阳角部位的增强处理，建议采用玻纤网格布做增强处理。也就是沿阴阳角部位铺设一条宽 200mm 的无纺布条或玻纤网格布，再在上面涂刷柔性防水涂料。

2.17 出屋面管道防水处理

节点示意图 出屋面管道防水处理细部节点示意图，如图 2-17 所示。

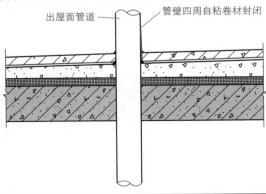

图 2-17 出屋面管道防水处理

做法总结 出屋面管道、烟气道与屋面交接位置做加固处理，防水根据工序同步进行施工处理。每道防水层施工都要做好成品保护工作，保证每道防水的完好性。

2.18 石材窗顶防水节点处理

节点示意图 石材窗顶防水节点处理细部节点示意图，如图 2-18 所示。

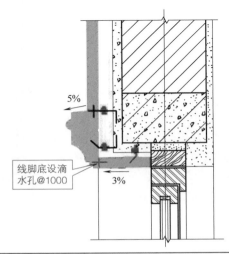

图 2-18 石材窗顶防水节点处理

做法总结   石材窗顶防水节点处理，主要涉及坡度与滴水孔的处理。

2.19   石材窗台防水节点处理

节点示意图   石材窗台防水节点处理细部节点示意图，如图 2-19 所示。

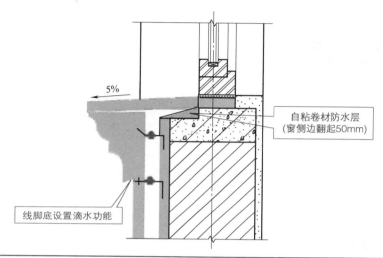

5%

自粘卷材防水层
（窗侧边翻起50mm）

线脚底设置滴水功能

图 2-19   石材窗台防水节点处理

做法总结   顶部防水处理的关键是防止雨水进入。

2.20   平屋面防水处理

节点示意图   平屋面防水处理细部节点示意图，如图 2-20 所示。

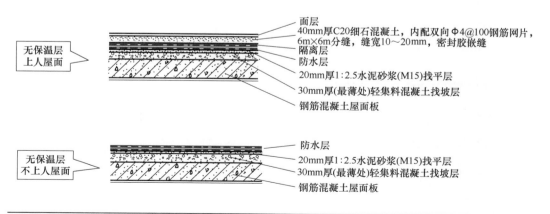

无保温层
上人屋面

面层
40mm厚C20细石混凝土，内配双向Φ4@100钢筋网片，
6m×6m分缝，缝宽10～20mm，密封胶嵌缝
隔离层
防水层
20mm厚1:2.5水泥砂浆(M15)找平层
30mm厚(最薄处)轻集料混凝土找坡层
钢筋混凝土屋面板

无保温层
不上人屋面

防水层
20mm厚1:2.5水泥砂浆(M15)找平层
30mm厚(最薄处)轻集料混凝土找坡层
钢筋混凝土屋面板

图 2-20

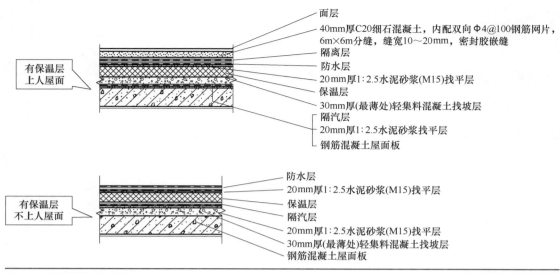

图 2-20　平屋面防水处理

📑 做法总结　正常情况下，平屋面的排水坡度为 2°～3°。如果是坡度小于或者刚好为 2°，则可能需使用材料找坡。

2.21　种植屋面防水处理

⏩ 节点示意图　种植屋面防水处理细部节点示意图，如图 2-21 所示。

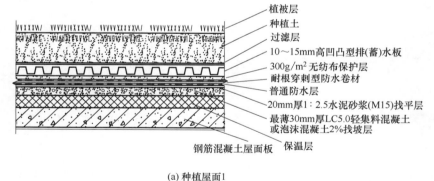

(a) 种植屋面1

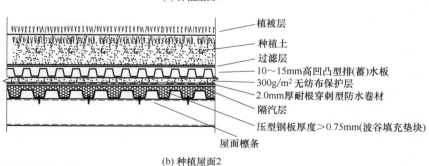

(b) 种植屋面2

图 2-21　种植屋面防水处理

做法总结　种植屋面需要覆土，栽种植物，对屋面的荷载要求高。种植屋面的防水，必须设置至少两道连续的防水层，其中上面一道必须是耐根穿刺防水层。

2.22　坡屋面防水处理

节点示意图　坡屋面防水处理细部节点示意图，如图 2-22 所示。

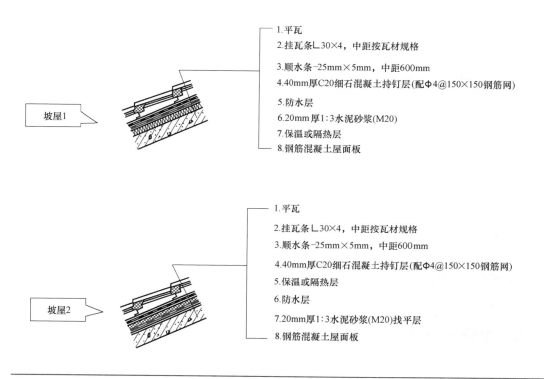

坡屋1

1. 平瓦
2. 挂瓦条∟30×4，中距按瓦材规格
3. 顺水条-25mm×5mm，中距600mm
4. 40mm厚C20细石混凝土持钉层(配Φ4@150×150钢筋网)
5. 防水层
6. 20mm厚1:3水泥砂浆(M20)
7. 保温或隔热层
8. 钢筋混凝土屋面板

坡屋2

1. 平瓦
2. 挂瓦条∟30×4，中距按瓦材规格
3. 顺水条-25mm×5mm，中距600mm
4. 40mm厚C20细石混凝土持钉层(配Φ4@150×150钢筋网)
5. 保温或隔热层
6. 防水层
7. 20mm厚1:3水泥砂浆(M20)找平层
8. 钢筋混凝土屋面板

图 2-22　坡屋面防水处理

做法总结　坡屋面防水处理，一般采用瓦＋防水层、瓦＋防水垫层等。坡屋面防水层，不宜选用热敏感性高的防水材料。选用卷材时，除了应与基层黏结外，还需要采取机械固定。

2.23　别墅地下室天窗防水处理

节点示意图　别墅地下室天窗防水处理细部节点示意图，如图 2-23 所示。

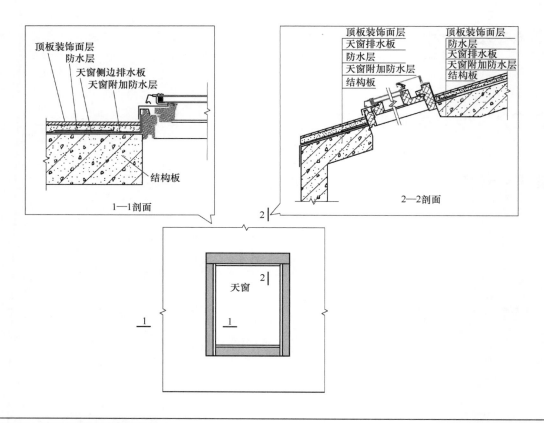

图 2-23 别墅地下室天窗防水处理

【做法总结】 别墅地下室天窗防水处理，可以涂刷防水涂料，也可以铺设防水卷材。

2.24 混凝土雨篷/空调板防水处理

【节点示意图】 混凝土雨篷/空调板防水处理细部节点示意图，如图 2-24 所示。

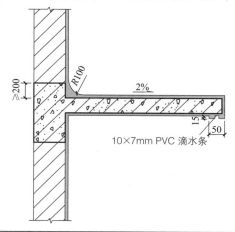

图 2-24 混凝土雨篷、空调板防水处理

做法总结 进行混凝土雨篷、空调板防水处理时，空调板与墙壁交界处应做圆弧处理。

2.25 现浇素混凝土挡水条处理

节点示意图 现浇素混凝土挡水条处理细部节点示意图，如图 2-25 所示。

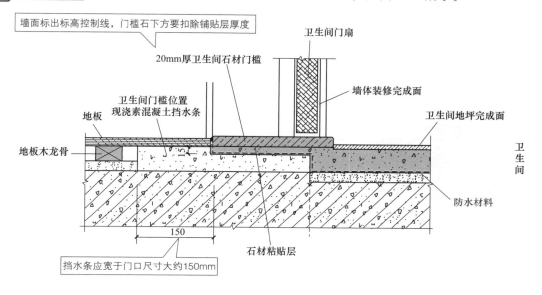

图 2-25 现浇素混凝土挡水条处理

做法总结 现浇素混凝土挡水条处理工序：清理基层→控制门槛标高→门槛细石混凝土施工→结构防水→地面防水施工→蓄水试验→面层施工。进行门槛细石混凝土施工处理时，挡水条宽于门口尺寸大约 150mm，并且门槛细石混凝土采用一次浇筑成型。进行地面防水施工处理时，对整个卫生间地面分次多遍涂刷防水材料，并且四边上翻大约 300mm，以及在挡水条位置同时涂刷防水。

第3章

水电暖工程

3.1 插座左零右相上接地处理

→ 节点示意图 插座左零右相上接地处理细部节点示意图，如图3-1所示。

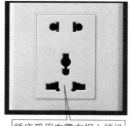

插座采用左零右相上接地

图3-1 插座左零右相上接地处理

■ 做法总结 插座采用左零右相上接地，严禁插座不接地线。

3.2 厨房需采用防溅插座处理

→ 节点示意图 厨房需采用防溅插座处理细部节点示意图，如图3-2所示。

86型开关防水罩插座

图3-2 厨房需采用防溅插座处理

做法总结 厨房需采用防溅插座处理，起到防漏电保护作用。

3.3 配电箱、开关（插座）盒周边收口处理

节点示意图 配电箱、开关（插座）盒周边收口处理细部节点示意图，如图 3-3 所示。

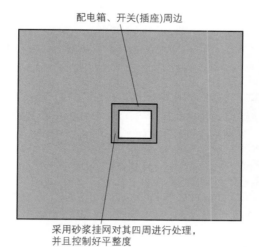

配电箱、开关(插座)周边

采用砂浆挂网对其四周进行处理，
并且控制好平整度

图 3-3　配电箱、开关（插座）盒周边收口处理

做法总结 为了避免配电箱、开关（插座）周边出现空鼓和裂缝，安装箱盒、开关（插座）盒时，应采用砂浆挂网对其四周进行处理，并且控制好平整度。

3.4 粉刷完毕后开单根线槽防开裂处理

节点示意图 粉刷完毕后开单根线槽防开裂处理细部节点示意图，如图 3-4 所示。

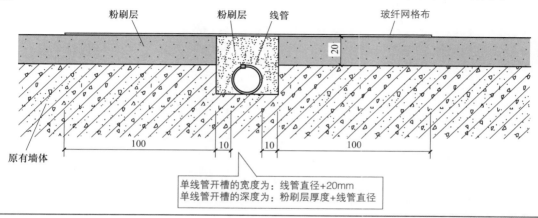

粉刷层　　　　　　粉刷层　线管　　　　　　　玻纤网格布

20

100　　　10　　10　　　100

原有墙体

单线管开槽的宽度为：线管直径+20mm
单线管开槽的深度为：粉刷层厚度+线管直径

图 3-4　粉刷完毕后开单根线槽防开裂处理

做法总结 面层防开裂，可以在抹灰面层增加防开裂玻纤网格布。防开裂玻纤网格布设置在面层上部，提浆收面，并且面层不得露网。

3.5 粉刷完毕后开多根线槽防开裂处理

节点示意图 粉刷完毕后开多根线槽防开裂处理细部节点示意图，如图 3-5 所示。

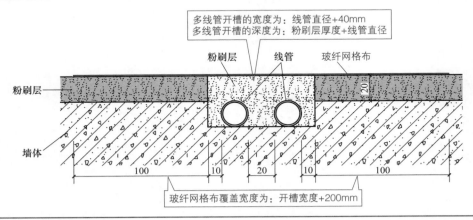

图 3-5 粉刷完毕后开多根线槽防开裂处理

做法总结 多根线槽抹灰面层增加防开裂玻纤网格布面积，比单根线槽防开裂处理防开裂玻纤网格布面积要大。

3.6 水管左热右冷节点处理

节点示意图 水管左热右冷节点处理细部节点示意图，如图 3-6 所示。

图 3-6 水管左热右冷节点处理

做法总结 面对水管，左热右冷，也就是人面对水管，左边布热水管、右边布冷水管。其一，与水龙头要求左冷右热相吻合。其二，考虑到大多数人是右手优先使用，以防止不小心开到热水而烫伤。

3.7 给水内丝弯头出墙壁饰面节点处理

节点示意图 给水内丝弯头出墙壁饰面节点处理细部节点示意图，如图 3-7 所示。

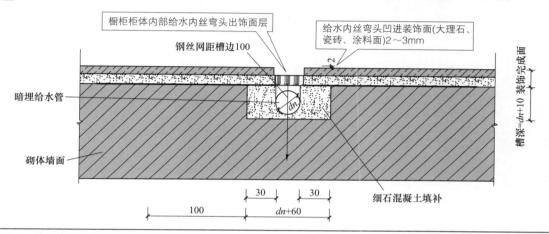

图 3-7 给水内丝弯头出墙壁饰面节点处理

做法总结 如果墙壁龙头给水内丝弯头凹墙壁饰面大概 2mm，凸出毛坯墙壁大约 20mm（具体看瓷砖铺贴厚度来考虑）。

3.8 水管穿反坎处理

节点示意图 水管穿反坎处理细部节点示意图，如图 3-8 所示。

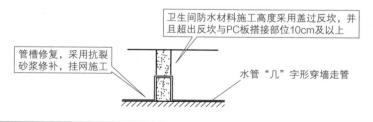

图 3-8 水管穿反坎处理

做法总结 水管"几"字形穿墙走管处理，穿墙部分由反坎与 PC 墙板搭接部位穿过。

3.9 阳台排水主管根部处理

⬛➤ 节点示意图 ） 阳台排水主管根部处理细部节点示意图，如图 3-9 所示。

排水管表面涂刷防水涂料各放宽100mm，地面水平面刷200mm宽、1.5mm厚，再采用整体涂刷地面防水涂料的做法

管根蹲位，采用砂浆管垛施工做法。管垛面层采用水泥浆浇筑，毛刷刷平整

图 3-9　阳台排水主管根部处理

⬛➤ 做法总结 ） 阳台排水主管根部处理工序：清理基层→做防水→做管根蹲位→铺贴地砖→管垛压面处理→做管垛面层等。

3.10 给水管、排水管瓷砖圆形孔处理

⬛➤ 节点示意图 ） 给水管、排水管瓷砖圆形孔处理细部节点示意图，如图 3-10 所示。

圆形孔

图 3-10　给水管、排水管瓷砖圆形孔处理

⬛➤ 做法总结 ） 给水管、排水管一般是圆形的，采用机械开孔处理，并且一般也是在瓷砖上开圆形孔处理。

3.11 PVC 止水节处理

⬛➤ 节点示意图 ） PVC 止水节处理细部节点示意图，如图 3-11 所示。

通过成品PVC止水节表面的多道环形构造，增加与结构面的接触面积，以形成多道止水屏障

图 3-11　PVC 止水节处理

做法总结　通过成品 PVC 止水节表面的多道环形构造，增加与结构面的接触面积，以形成多道止水屏障，从而解决管道根部渗水问题。

3.12　管道穿楼板堵塞处理

节点示意图　管道穿楼板堵塞处理细部节点示意图，如图 3-12 所示。

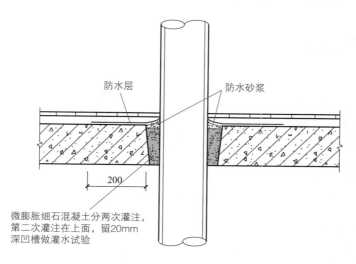

防水层　　防水砂浆

200

微膨胀细石混凝土分两次灌注，第二次灌注在上面，留20mm深凹槽做灌水试验

图 3-12　管道穿楼板堵塞处理

做法总结　管道穿楼板处应采用防水层、防水砂浆双层防水处理。

3.13　台柜台下盆安装处理

节点示意图　台柜台下盆安装处理细部节点示意图，如图 3-13 所示。

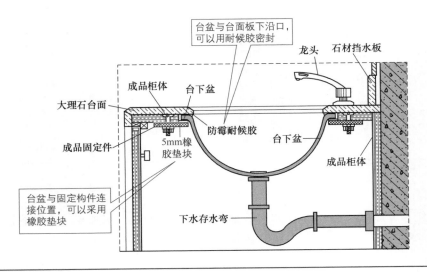

台盆与台面板下沿口，可以用耐候胶密封

龙头　石材挡水板

成品柜体

台下盆

大理石台面

台下盆

成品固定件

防霉耐候胶

5mm橡胶垫块

成品柜体

台盆与固定构件连接位置，可以采用橡胶垫块

下水存水弯

图 3-13　台柜台下盆安装

做法总结　为便于台盆拆卸检修，台盆可以固定在固定构件上，然后固定构件与台下柜基层板面 $\phi 8$ 对穿螺栓固定。

3.14　钢架台盆安装处理

节点示意图　钢架台盆安装处理细部节点示意图，如图 3-14 所示。

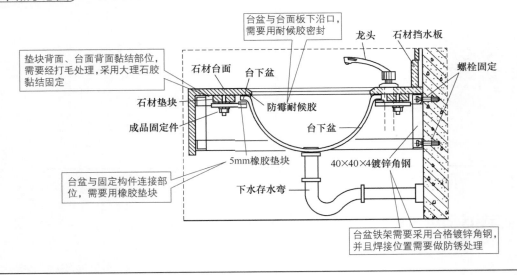

台盆与台面板下沿口，需要用耐候胶密封

龙头　石材挡水板

垫块背面、台面背面黏结部位，需要经打毛处理，采用大理石胶黏结固定

石材台面

台下盆

螺栓固定

石材垫块

防霉耐候胶

成品固定件

台下盆

5mm橡胶垫块

40×40×4镀锌角钢

台盆与固定构件连接部位，需要用橡胶垫块

下水存水弯

台盆铁架需要采用合格镀锌角钢，并且焊接位置需要做防锈处理

图 3-14　钢架台盆安装

做法总结　为了便于台盆拆卸检修，台盆固定在固定构件上，并且固定构件与石材垫块用不锈钢或镀锌螺栓固定。

3.15　污水池排水管节点处理

节点示意图　污水池排水管节点处理细部节点示意图，如图 3-15 所示。

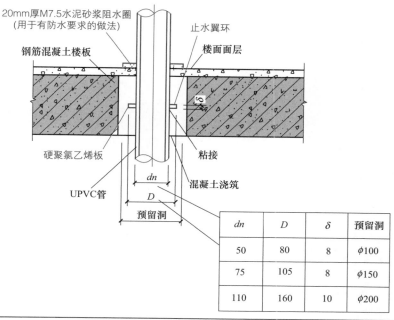

图 3-15　污水池排水管节点处理

dn	D	δ	预留洞
50	80	8	$\phi100$
75	105	8	$\phi150$
110	160	10	$\phi200$

做法总结　进行污水池排水管节点处理时，管根防水处理是防水的薄弱环节。

3.16　马桶安装处理

节点示意图　马桶安装处理细部节点示意图，如图 3-16 所示。

图 3-16　马桶安装处理

做法总结　进行马桶安装处理时，应注意马桶下水管高出地面不宜过长；马桶安装前，地面应保证干净；地面擦拭干净后安装防臭法兰；马桶与地面交接处打胶等细节做法。

3.17 坐便器的安装处理

→] 节点示意图 坐便器的安装处理细部节点示意图，如图 3-17 所示。

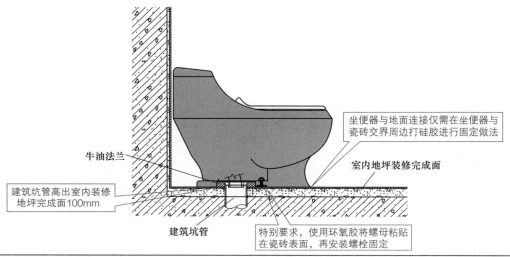

坐便器与地面连接仅需在坐便器与瓷砖交界周边打硅胶进行固定做法

室内地坪装修完成面

牛油法兰

建筑坑管高出室内装修地坪完成面100mm

建筑坑管

特别要求，使用环氧胶将螺母粘贴在瓷砖表面，再安装螺栓固定

图 3-17 坐便器的安装处理

≡] 做法总结 坐便器的安装处理工序：准备工作→安装定位→涂刷粘接胶→就位安装→配件安装等。其中，安装定位处理应确定排污管中心，也就是划出十字中心线，中心线预估应延伸到安装位外地面，中心线延伸到坐便器底部四周侧边，以确保坐便器排水口与下水口对齐。就位安装处理时，将坐便器上的十字线与地面排污口十字线对准，慢慢用力安装就位，直到底部硅胶溢出，然后把硅胶清理干净、修整平顺光滑。

3.18 浴缸石材收口处理

→] 节点示意图 浴缸石材收口处理细部节点示意图，如图 3-18 所示。

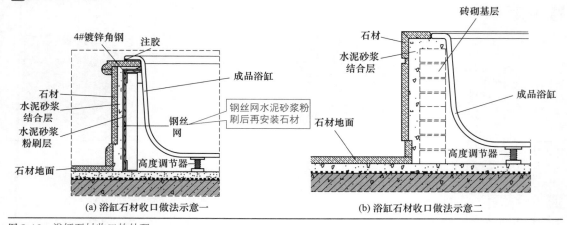

4#镀锌角钢　注胶

石材
水泥砂浆结合层
水泥砂浆粉刷层

石材地面

成品浴缸

钢丝网水泥砂浆粉刷后再安装石材

钢丝网

高度调节器

(a) 浴缸石材收口做法示意一

砖砌基层

石材

水泥砂浆结合层

石材地面

成品浴缸

高度调节器

(b) 浴缸石材收口做法示意二

图 3-18 浴缸石材收口的处理

做法总结　浴缸与石材相接部位，采用浴缸边缘压石材的处理方式。石材台面可根据浴缸尺寸切割、镂空、磨边等，并在工厂加工完成后现场安装。石材与浴缸交接位置，采用耐候胶收口。

3.19 浴缸居中处理

节点示意图　浴缸居中处理细部节点示意图，如图 3-19 所示。

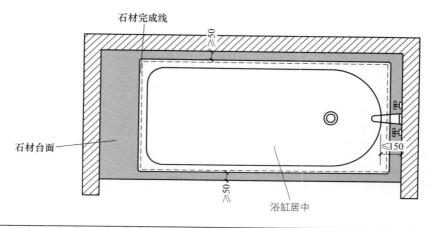

图 3-19　浴缸居中处理

做法总结　浴缸居中处理时，应首先拉好线，再找对位置。

3.20 浴缸一侧靠墙处理

节点示意图　浴缸一侧靠墙处理细部节点示意图，如图 3-20 所示。

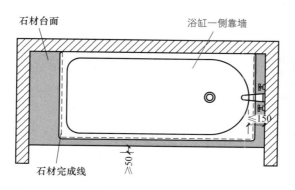

图 3-20　浴缸一侧靠墙处理

做法总结 浴缸邻近龙头一侧的石材台面控制好石材的宽度，以确保浴缸邻近龙头边缘小于等于150mm，以便龙头开启时水不会冲溅浴缸边缘。

3.21 活动裙边浴缸处理

节点示意图 活动裙边浴缸处理细部节点示意图，如图3-21所示。

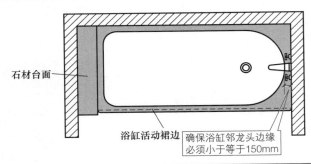

图3-21 活动裙边浴缸处理

做法总结 安装带裙边的浴缸比较方便，但是卫生间的尺寸要测量好，以免装不下。安装无裙边的浴缸，则需要用砖和水泥砌裙边、打玻璃胶、保持浴缸底部干爽等。

3.22 浴缸两侧靠墙处理

节点示意图 浴缸两侧靠墙处理细部节点示意图，如图3-22所示。

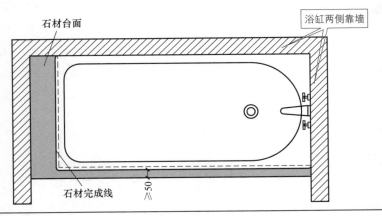

图3-22 浴缸两侧靠墙处理

做法总结 如果浴缸与墙面有间隔，可直接用瓷砖贴平，或者用大理石做套边，或者用硅胶修复。

3.23　浴缸黄砂衬底处理

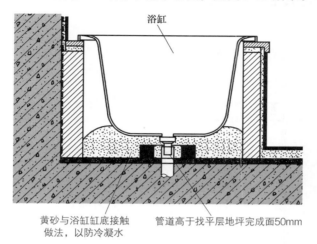

节点示意图　浴缸黄砂衬底处理细部节点示意图，如图 3-23 所示。

浴缸

黄砂与浴缸缸底接触　　管道高于找平层地坪完成面50mm
做法，以防冷凝水

图 3-23　浴缸黄砂衬底处理

做法总结　浴缸黄砂衬底处理，管道四周设砂挡，以防黄砂倒灌入排水管。

3.24　浴缸半干砂浆衬底处理

节点示意图　浴缸半干砂浆衬底处理细部节点示意图，如图 3-24 所示。

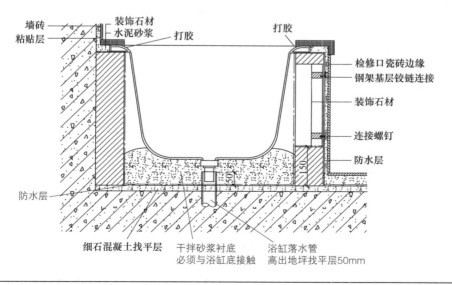

墙砖　　　装饰石材
粘贴层　　水泥砂浆　打胶　　　　　打胶

检修口瓷砖边缘
钢架基层铰链连接
装饰石材
连接螺钉
防水层

防水层

细石混凝土找平层　干拌砂浆衬底　浴缸落水管
必须与浴缸底接触　高出地坪找平层50mm

图 3-24　浴缸半干砂浆衬底处理

📋 做法总结 进行浴缸半干砂浆衬底处理时，半干砂浆需要与浴缸底部接触。

3.25 室内空调机点位处理

➡️ 节点示意图 室内空调机点位处理细部节点示意图，如图 3-25 所示。

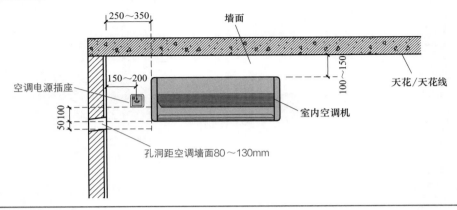

图 3-25 室内空调机点位处理

📋 做法总结 室内空调室内机点位，一般会选择在进门口的正上方。

3.26 侧墙安装暖气片处理

➡️ 节点示意图 侧墙安装暖气片处理细部节点示意图，如图 3-26 所示。

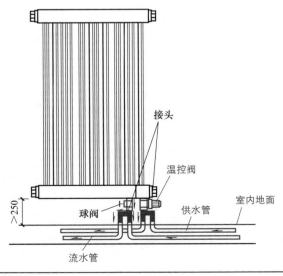

图 3-26 侧墙安装暖气片处理

做法总结) 由于暖气片沉，因此选择安装的墙面必须足够结实并且能承受较大的力。最好是混凝土捣制墙、实心砖墙。

3.27 窗下安装暖气片处理

节点示意图) 窗下安装暖气片处理细部节点示意图，如图 3-27 所示。

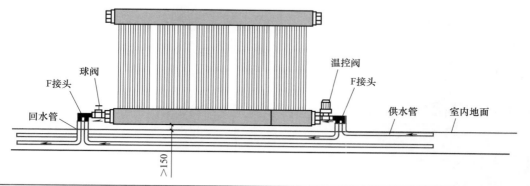

图 3-27 窗下安装暖气片处理

做法总结) 暖气装在窗户下面，不占多余的空间，也有利于散热对流。

第 4 章

墙面工程

4.1 隔墙拉结

▶ 节点示意图 隔墙拉结细部节点示意图，如图 4-1 所示。

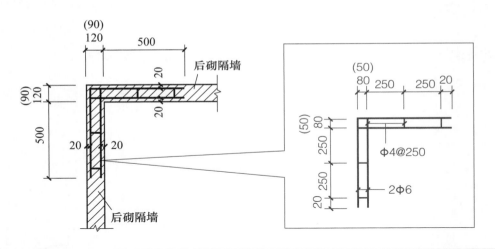

图 4-1 隔墙拉结
括号内的数值表示其他型号尺寸

▤ 做法总结 隔墙纵向拉结钢筋、横向拉结钢筋、钢筋间距等均需要满足相关要求。

4.2 小型空心砌块填充墙拉结处理

▶ 节点示意图 小型空心砌块填充墙拉结处理细部节点示意图，如图 4-2 所示。

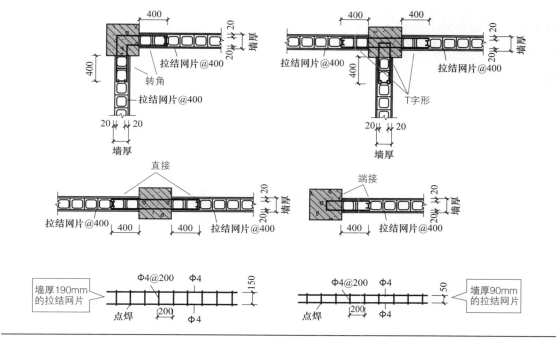

图 4-2　小型空心砌块填充墙拉结处理

做法总结　小型空心砌块填充墙拉结处理，应考虑转角、直接、端接等情形差异。

4.3　框架填充墙的顶部拉结

节点示意图　框架填充墙的顶部拉结细部节点示意图，如图 4-3 所示。

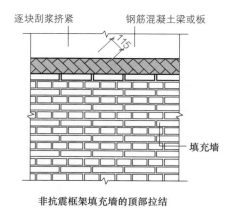

非抗震框架填充墙的顶部拉结

图 4-3　框架填充墙的顶部拉结

做法总结　框架填充墙拉结筋的植筋施工方法：将拉结筋用化学锚固剂植入框架柱中，具体为先在混凝土柱上打孔，再注入锚固剂，然后将拉结筋插入孔内。

4.4　填充墙顶部处理

🔹 节点示意图　填充墙顶部处理细部节点示意图，如图 4-4 所示。

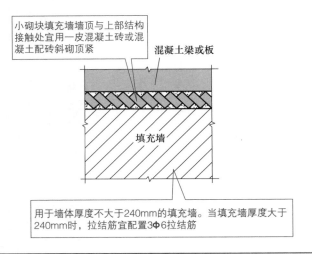

> 小砌块填充墙墙顶与上部结构接触处宜用一皮混凝土砖或混凝土配砖斜砌顶紧

> 混凝土梁或板

> 填充墙

> 用于墙体厚度不大于240mm的填充墙。当填充墙厚度大于240mm时，拉结筋宜配置3Φ6拉结筋

图 4-4　填充墙顶部处理

🔹 做法总结　填充墙顶部塞缝做法如下。

① 适合墙体上口缝隙 6 ～ 14cm 的填充墙顶部塞缝做法，可以采用实心砖斜砌的方式，也就是在侧边或者中间三角位置用细石混凝土填实即可。

② 适合墙体上口在 6cm 以下的缝隙和外墙，可以采用强度为 C20 的细石混凝土塞实封堵。

4.5　砌体采用预制三角形砌块处理

扫码看视频

砌体采用预制三角形砌块处理

🔹 节点示意图　砌体采用预制三角形砌块处理细部节点示意图，如图 4-5 所示。

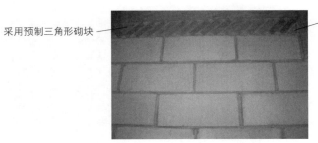

采用预制三角形砌块

采用预制三角形砌块

图 4-5　砌体采用预制三角形砌块处理

🔹 做法总结　砖砌筑收口，采用预制三角形砌块代替传统的水泥砂浆塞缝，从而保证外墙砌体的防渗，以及有效控制墙面的空鼓开裂情况。

4.6　穿墙管道堵塞节点处理

➡️ 节点示意图　穿墙管道堵塞节点处理细部节点示意图，如图 4-6 所示。

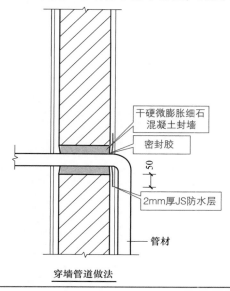

干硬微膨胀细石
混凝土封墙

密封胶

50

2mm厚JS防水层

管材

穿墙管道做法

图 4-6　穿墙管道堵塞节点处理

📋 做法总结　穿墙管道堵塞节点处理，主要涉及防水、封堵、密封等环节处理。

4.7　穿墙螺杆洞堵塞处理

➡️ 节点示意图　穿墙螺杆洞堵塞处理细部节点示意图，如图 4-7 所示。

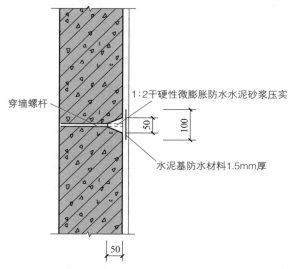

穿墙螺杆

1:2干硬性微膨胀防水水泥砂浆压实

50

100

水泥基防水材料1.5mm厚

50

图 4-7　穿墙螺杆洞堵塞处理

扫码看视频

不同基体材料交
接位置处理

做法总结 穿墙螺杆洞堵塞处理，采用水泥基防水、1:2干硬性微膨胀防水水泥砂浆压实等方式。

4.8 不同基体材料交接位置处理

节点示意图 不同基体材料交接位置处理细部节点示意图，如图4-8所示。

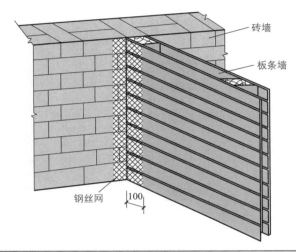

砖墙

板条墙

钢丝网 |100|

图4-8 不同基体材料交接位置处理

做法总结 不同基体材料(如砖石与木、混凝土与加气混凝土)相接处应铺设金属网，搭缝宽度从缝边起每边不得小于100mm。电箱后背/施工洞周围，也应铺钉金属网。

4.9 采用瓷砖黏合剂处理

节点示意图 采用瓷砖黏合剂处理细部节点示意图，如图4-9所示。

瓷砖　瓷砖黏合剂　水泥砂浆找平　结构面

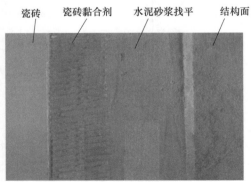

图4-9 采用瓷砖黏合剂处理

做法总结 墙面铺贴瓷砖，采用黏合剂处理（即瓷砖专用胶），而不采用水泥浆。

4.10 瓷砖墙、地、踢脚对缝处理

节点示意图 瓷砖墙、地、踢脚对缝处理细部节点示意图，如图4-10所示。

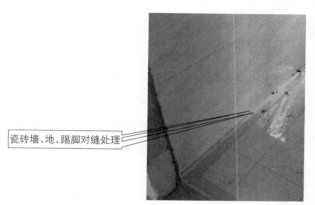

瓷砖墙、地、踢脚对缝处理

图 4-10 瓷砖墙、地、踢脚对缝处理

做法总结 若瓷砖墙、地、踢脚对缝，则美观一些；若瓷砖墙、地、踢脚不对缝，则会影响美观。

4.11 花岗岩板湿灌浆处理

节点示意图 花岗岩板湿灌浆处理细部节点示意图，如图4-11所示。

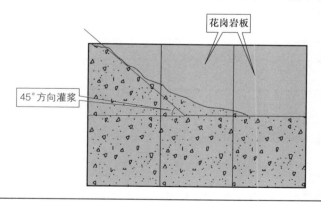

花岗岩板

45°方向灌浆

图 4-11 花岗岩板湿灌浆处理

做法总结 墙面花岗岩湿铺灌浆的厚度，一般控制在3～5cm，其砂浆配合比宜采用水泥：砂 =1：3，稠度控制在8～12cm，并且分层捣灌，每次捣灌高度不宜超过石板材高度的

1/3，时间间隔最少为 4h（水泥砂浆初凝）。

　　浅颜色、半透明板材宜用白水泥作为黏结砂浆。对拌料用砂纯度要求比较严格，拌料用砂不能有杂质，不能含有泥与土等。

4.12　瓷砖饰面轻钢龙骨隔墙节点处理

节点示意图　瓷砖饰面轻钢龙骨隔墙节点处理细部节点示意图，如图 4-12 所示。

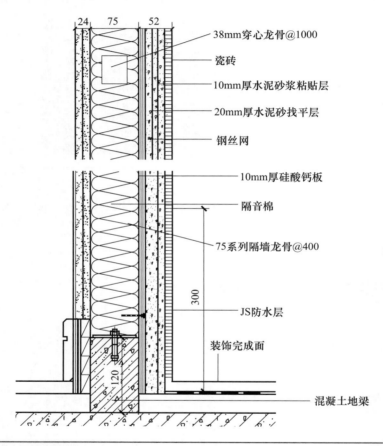

图 4-12　瓷砖饰面轻钢龙骨隔墙节点处理

做法总结　瓷砖饰面轻钢龙骨隔墙节点处理，包括隔音、骨架、黏结等环节。

4.13　墙面石材阴角收口处理

节点示意图　墙面石材阴角收口处理细部节点示意图，如图 4-13 所示。

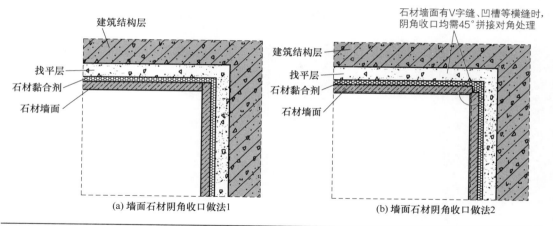

图 4-13　墙面石材阴角收口处理

📋 **做法总结**　石材墙面有 V 字缝、凹槽等横缝时，阴角收口均需 45°拼接对角处理，应在工厂内加工完成。角度稍小于 45°，有利于拼接。

4.14　墙面石材阳角收口处理

⏩ **节点示意图**　墙面石材阳角收口处理细部节点示意图，如图 4-14 所示。

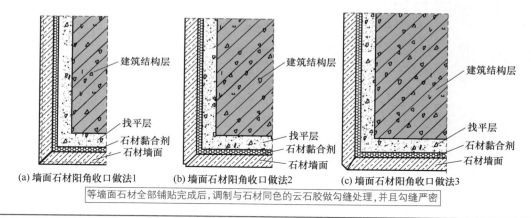

图 4-14　墙面石材阳角收口处理

📋 **做法总结**　墙面石材阳角根据设计要求进行加工。墙面石材阳角收口，进行 45°拼接对角以及勾缝处理。

4.15　墙面石材 U 形凹槽排布处理

⏩ **节点示意图**　墙面石材 U 形凹槽排布处理细部节点示意图，如图 4-15 所示。

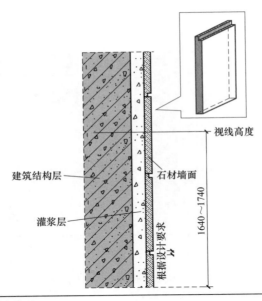

图 4-15 墙面石材 U 形凹槽排布处理

做法总结 墙面石材 U 形凹槽的排布，适用于室内大厅、电梯厅、卫生间等墙面。墙面石材 U 形凹槽排布横缝，需根据人体的视线高度来排布。

4.16 墙面石材干挂处理

节点示意图 墙面石材干挂处理细部节点示意图，如图 4-16 所示。

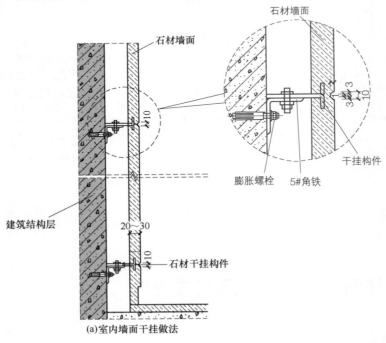

(a)室内墙面干挂做法

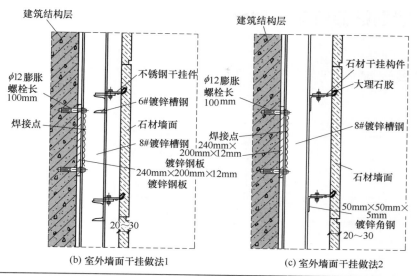

图 4-16 墙面石材干挂处理

做法总结 墙面石材干挂型钢规格应符合要求，并且经过热镀锌处理，焊接部位做防锈处理。

4.17 墙面石材灌浆处理

节点示意图 墙面石材灌浆处理细部节点示意图，如图 4-17 所示。

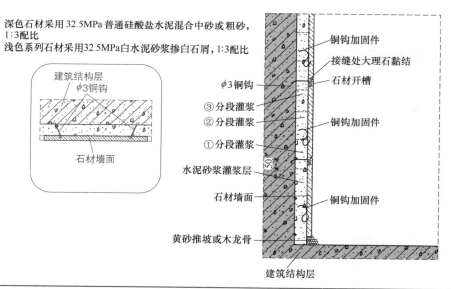

图 4-17 墙面石材灌浆处理

做法总结 墙面石材采用湿挂灌浆处理以及铜丝连接。墙面石材灌浆处理，分次灌浆，第一次不超过石板高度的 1/3；等砂浆初凝后进行第二次灌浆，高度为石板的 1/2；第三次灌浆到低于石板上口 5cm 处为止。

4.18　墙面贴砖转角收口处理

▶ 节点示意图　墙面贴砖转角收口处理细部节点示意图，如图 4-18 所示。

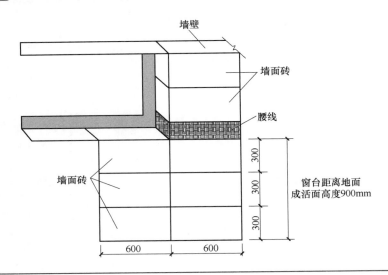

图 4-18　墙面贴砖转角收口处理

▣ 做法总结　墙面贴砖转角收口，可以根据瓷砖大小整块排版，然后利用腰线来过渡收口。

4.19　墙体阴阳角几何尺寸保证处理

▶ 节点示意图　墙体阴阳角几何尺寸保证处理细部节点示意图，如图 4-18 所示。

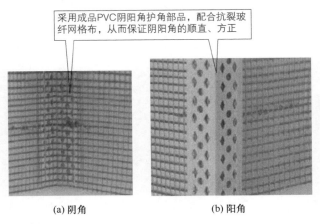

图 4-19　墙体阴阳角几何尺寸保证处理

做法总结 采用成品 PVC 阴阳角护角部品，配合抗裂玻纤网格布，从而保证阴阳角的顺直、方正，以及保护阳角不受碰损。

4.20 壁纸处理

节点示意图 壁纸处理细部节点示意图，如图 4-20 所示。

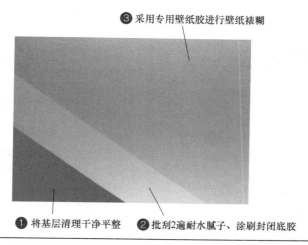

❸采用专用壁纸胶进行壁纸裱糊

❶将基层清理干净平整 ❷批刮2遍耐水腻子、涂刷封闭底胶

图 4-20 壁纸处理

做法总结 进行壁纸节点处理时，需要将基层清理干净平整、批刮 2 遍耐水腻子、涂刷封闭底胶、采用专用壁纸胶进行壁纸裱糊等。洗手台周边易溅水，洗手台侧面墙不宜采用非 PVC 墙纸材料。可以采用瓷砖等防水、易清洁类材料，或者 PVC 壁纸等。

4.21 护墙板节点处理

节点示意图 护墙板节点处理细部节点示意图，如图 4-21 所示。

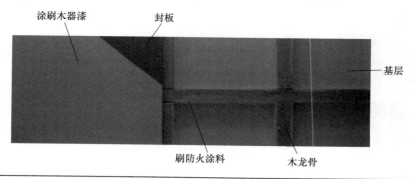

涂刷木器漆 封板 基层

刷防火涂料 木龙骨

图 4-21 护墙板节点处理

做法总结 进行护墙板节点处理时，需要包括基层处理、弹线、打眼固定、安置木龙骨、刷防火涂料、封板、线条收口、涂刷木器漆等处理工序。

4.22 拉丝不锈钢墙面处理

节点示意图 拉丝不锈钢墙面处理细部节点示意图，如图 4-22 所示。

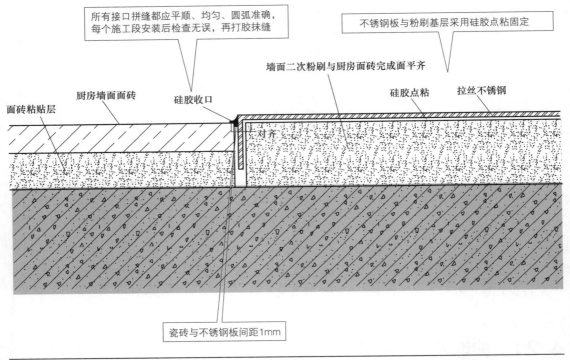

图 4-22 拉丝不锈钢墙面处理

做法总结 进行拉丝不锈钢墙面处理时，瓷砖与不锈钢板间距大约为 1mm。瓷砖与不锈钢板间打硅胶收头处理，硅胶宽度大约小于或者等于 3mm。根据要求进行不锈钢饰面板处理安装时，每层安装后进行一次垂直度外形误差的检查、校核。

4.23 墙面木饰面基层处理

节点示意图 墙面木饰面基层处理细部节点示意图，如图 4-23 所示。

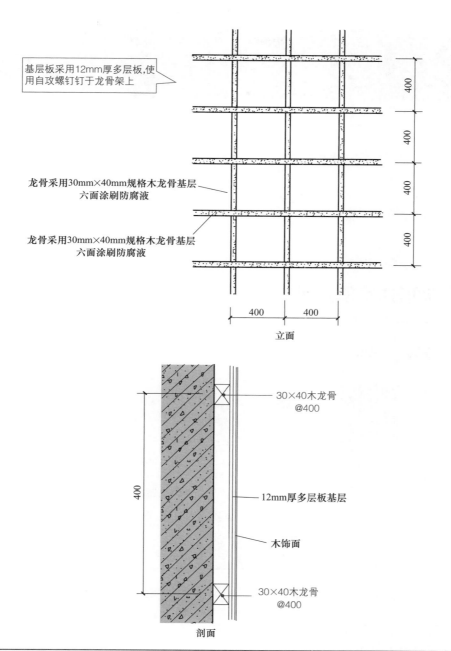

基层板采用12mm厚多层板,使
用自攻螺钉钉于龙骨架上

龙骨采用30mm×40mm规格木龙骨基层
六面涂刷防腐液

龙骨采用30mm×40mm规格木龙骨基层
六面涂刷防腐液

400

400

400

400

400

400 400

立面

400

30×40木龙骨
@400

12mm厚多层板基层

木饰面

30×40木龙骨
@400

剖面

图 4-23 墙面木饰面基层处理

做法总结 墙面木饰面基层处理工序:找线定位→核查预埋件与洞口→铺设防潮层→
配置与安装龙骨→钉装面板等。基层板采用自攻螺钉在龙骨架上处理,基层板邻砂浆墙面
一侧与四个侧边涂刷防火涂料。用地板钉将木龙骨固定在墙面上,对木枕进行防腐液浸泡
处理。

第 **5** 章

吊顶工程

5.1 吸顶式吊顶处理

节点示意图 吸顶式吊顶处理细部节点示意图，如图 5-1 所示。

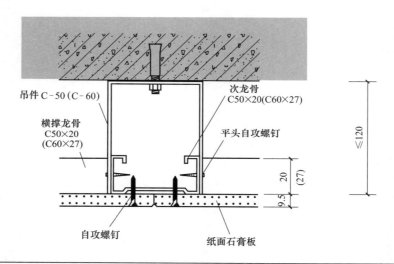

图 5-1 吸顶式吊顶处理
括号内的数值表示其他型号尺寸

做法总结 吸顶式吊顶，也就是吊顶安装器具紧紧、直接安装在天棚上。

5.2 卡式龙骨吊顶处理

节点示意图 卡式龙骨吊顶处理细部节点示意图，如图 5-2 所示。

扫码看视频

卡式龙骨吊顶
处理

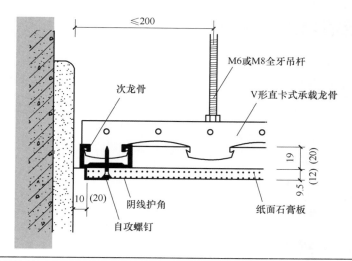

图 5-2 卡式龙骨吊顶处理

📋 **做法总结** 卡式龙骨吊顶主要作用是卡住连接。卡式龙骨吊顶构造主要有吊筋、吊杆、主 / 次龙骨、边龙骨、石膏板等。主要安装步骤包括放线、吊杆安装、水平调整、安装承载（主）龙骨、安装覆面（副）龙骨、封板等。

5.3 跌级吊顶处理

➡ **节点示意图** 跌级吊顶处理细部节点示意图，如图 5-3 所示。

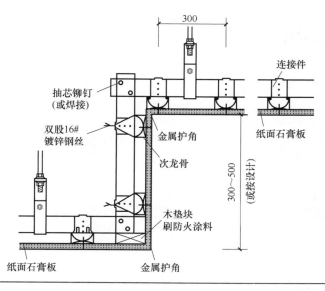

图 5-3 跌级吊顶处理

📋 **做法总结** 跌级吊顶是指不在同一平面的降标高吊顶。跌级吊顶高低交界处阴阳角，一般采用护角处理。

5.4   U 形轻钢龙骨吊平顶

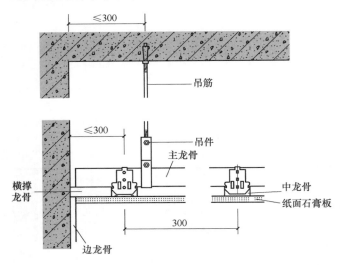

➡️ 节点示意图   U 形轻钢龙骨吊平顶细部节点示意图，如图 5-4 所示。

图 5-4   U 形轻钢龙骨吊平顶

📑 做法总结   吊杆长度大于 1.5m 时，要设置反支撑。吊杆长度大于 3m 时，要设置钢龙骨转换层。

5.5   卡式龙骨薄吊顶

➡️ 节点示意图   卡式龙骨薄吊顶细部节点示意图，如图 5-5 所示。

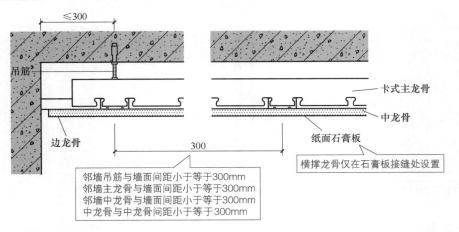

邻墙吊筋与墙面间距小于等于300mm
邻墙主龙骨与墙面间距小于等于300mm
邻墙中龙骨与墙面间距小于等于300mm
中龙骨与中龙骨间距小于等于300mm

横撑龙骨仅在石膏板接缝处设置

图 5-5   卡式龙骨薄吊顶（剖面）

做法总结　　边龙骨往往采用镀锌龙骨膨胀螺栓固定于墙面。吊杆间距不应超过1200mm，主龙骨间距不应超过1200mm，次龙骨间距不应超过400mm。对于石膏板，有的采用25mm镀锌自攻螺钉固定于次龙骨上（并且做防锈处理）。

扫码看视频

吊顶管线处理

5.6　吊顶管线处理

节点示意图　　吊顶管线处理细部节点示意图，如图5-6所示。

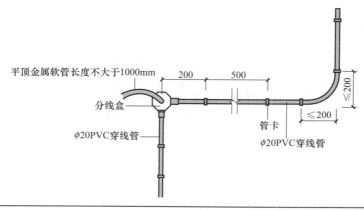

平顶金属软管长度不大于1000mm
分线盒
φ20PVC穿线管
管卡
φ20PVC穿线管
200　500
≤200
≤200

图5-6　吊顶管线处理

做法总结　　吊顶内敷设的管路应有单独的吊杆或支撑装置。吊顶内管路敷设，应对其周围的易燃物做好防火隔热处理，并且中间接线盒需要加盖板封闭。

5.7　涂刷防火材料处理

节点示意图　　涂刷防火材料处理细部节点示意图，如图5-7所示。

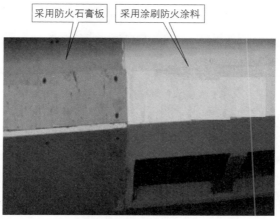

采用防火石膏板　采用涂刷防火涂料

图5-7　涂刷防火材料处理

做法总结 石膏板吊顶，可以采用涂刷防火涂料、使用防火石膏板等处理方式。

5.8 吊顶钉眼防锈处理

节点示意图 吊顶钉眼防锈处理细部节点示意图，如图 5-8 所示。

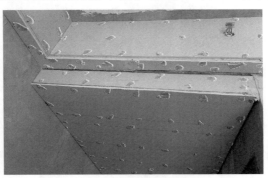

图 5-8 吊顶钉眼防锈处理

做法总结 安装石膏板时，应从板的中部向板的四边固定。钉头略埋入板内，并且不得损坏纸面。对于钉眼，需要进行防锈处理。

5.9 铝合金条形扣板吊顶

节点示意图 铝合金条形扣板吊顶细部节点示意图，如图 5-9 所示。

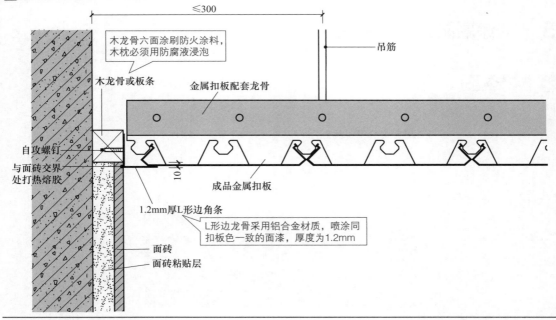

图 5-9 铝合金条形扣板吊顶

做法总结 工艺流程包括弹线、安装吊筋、安装调平龙骨、隐检、安装铝扣条、条边封口、饰面清理等。龙骨可在地面上分片组装，然后托起与吊杆连接固定。龙骨与吊杆连接时，先拉纵横标高控制线，从一端开始边安装边调整，最后再精调一遍。

5.10 铝合金方形扣板吊顶

节点示意图 铝合金方形扣板吊顶细部节点示意图，如图5-10所示。

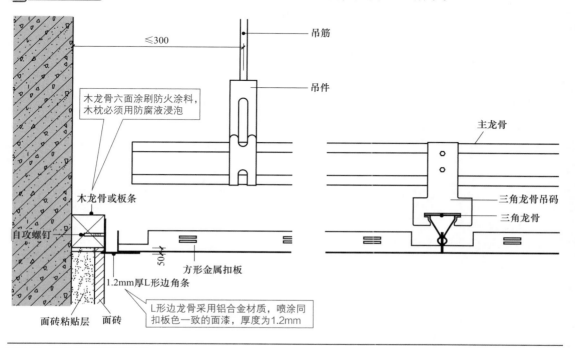

图 5-10 铝合金方形扣板吊顶

做法总结 伸缩式吊杆和角钢或圆钢吊杆，根据其荷载大小分为上人、不上人两种类型。安装前，提前完成吊顶的排布施工大样图，确定好通风口与各种露明孔口位置。工艺流程：弹线→安装吊筋→安装龙骨→隐检→安装铝扣板→饰面清理。安装铝扣板时在装配面积的中间位置，垂直三角龙骨拉一条基准线，对齐基准线后向两边安装。安装时，严禁野蛮装卸，必须顺着翻边部位依次轻压，将铝合金板两边完全卡进龙骨后，再推紧。或者将自攻螺钉直接固定在次龙骨上，自攻螺钉间距为 200～300mm。

5.11 浴霸、排风扇安装在石膏吊顶上

节点示意图 浴霸、排风扇安装在石膏吊顶上细部节点示意图，如图5-11所示。

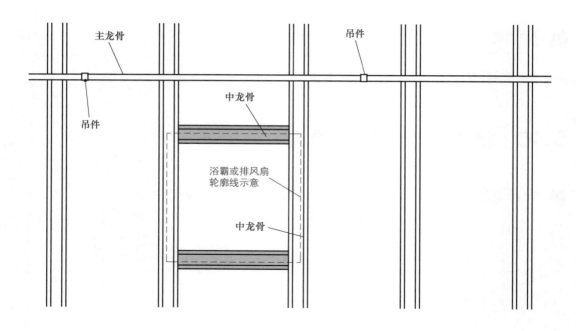

(a) 安装平面

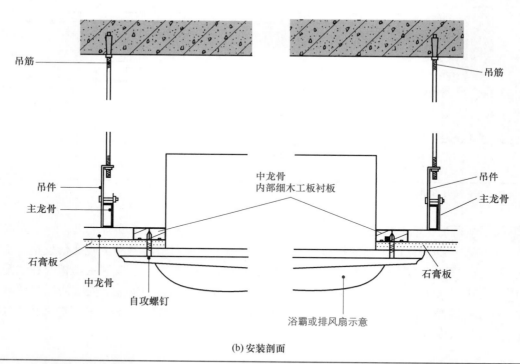

(b) 安装剖面

图 5-11 浴霸、排风扇安装在石膏吊顶上

做法总结 浴霸、排风扇安装在石膏吊顶上的步骤，包括边角线的安装、龙骨的安装、副龙骨的安装、石膏板的安装、主机的安装、顶部走线和扣面板。浴霸、排风扇安装在石膏吊顶上，需要提前将线路布置好。

5.12 浴霸、排风扇安装在铝扣板吊顶上

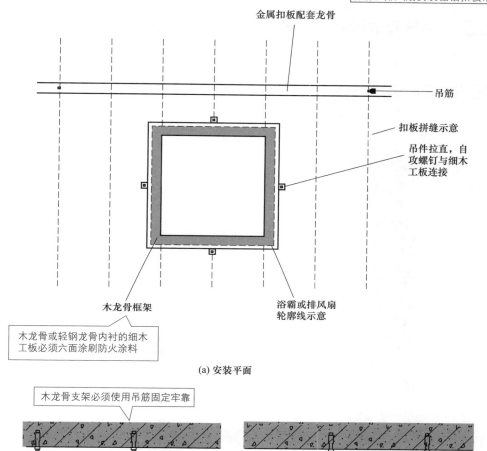

节点示意图 浴霸、排风扇安装在铝扣板吊顶上细部节点示意图，如图 5-12 所示。

金属扣板配套龙骨

吊筋

扣板拼缝示意

吊件拉直，自攻螺钉与细木工板连接

木龙骨框架

浴霸或排风扇轮廓线示意

木龙骨或轻钢龙骨内衬的细木工板必须六面涂刷防火涂料

(a) 安装平面

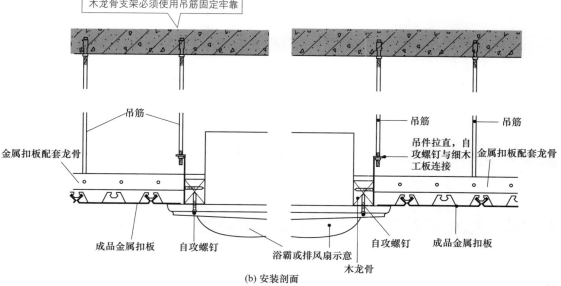

木龙骨支架必须使用吊筋固定牢靠

吊筋

金属扣板配套龙骨

吊筋　吊筋

吊件拉直，自攻螺钉与细木工板连接

金属扣板配套龙骨

成品金属扣板　自攻螺钉

浴霸或排风扇示意

木龙骨

自攻螺钉　成品金属扣板

(b) 安装剖面

图 5-12　浴霸、排风扇安装在铝扣板吊顶上

做法总结 安装前的工作，包括天花板的预处理，确定吊顶的安装高度，确定吊顶中间夹层的高度，确定通风窗的位置，管道的处理。对于灯暖主机和风暖主机，应接好 N 线，接通 L 线（开关）。所用主机都安装固定好后进行通电试验，确保主机能正常＋使用。

5.13 吊杆单层轻钢龙骨石膏板沿墙处理

节点示意图 吊杆单层轻钢龙骨石膏板沿墙处理细部节点示意图，如图 5-13 所示。

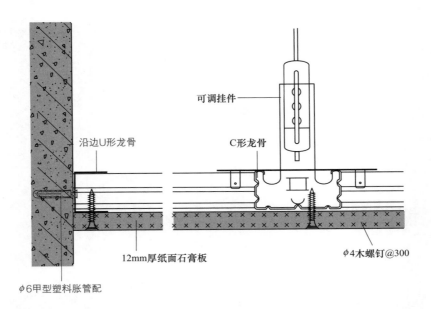

可调挂件
沿边U形龙骨
C形龙骨
12mm厚纸面石膏板
ϕ4木螺钉@300
ϕ6甲型塑料胀管配

图 5-13 吊杆单层轻钢龙骨石膏板沿墙处理

做法总结 吊杆单层轻钢龙骨石膏板沿墙处理，主要通过胀管固定沿边龙骨来实现。

5.14 铝扣板吊顶与石膏吊顶交接处理

节点示意图 铝扣板吊顶与石膏吊顶交接处理细部节点示意图，如图 5-14 所示。

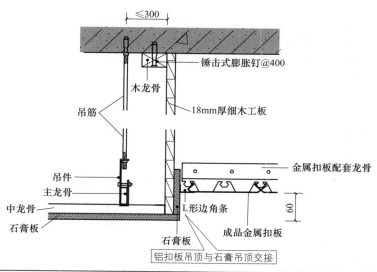

图5-14 铝扣板吊顶与石膏吊顶交接处理

📋 **做法总结** 铝扣板吊顶与石膏吊顶交接衔接位置，可以用装饰用的角线条收口。也可以在衔接位置做一个小层次的造型。铝扣板的规格有长条形、方块形、长方形、多菱形等，颜色较多。长条形规格有5cm、10cm、15cm、20cm等。方块形的常用规格有300mm×300mm、600mm×600mm等。铝扣板的厚度有0.4mm、0.55mm、0.6mm、0.7mm、0.8mm等。

5.15 石膏板吊顶与瓷砖墙面交接处理

➡️ **节点示意图** 石膏板吊顶与瓷砖墙面交接处理细部节点示意图，如图5-15所示。

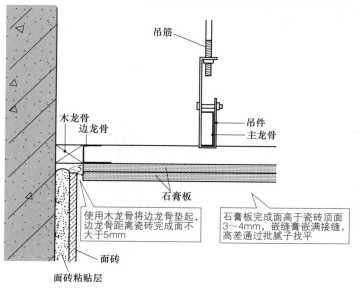

图5-15 石膏板吊顶与瓷砖墙面交接处理

做法总结 石膏板吊顶与瓷砖墙面接缝位置，可以使用玻璃胶：先使用胶枪，确定打胶的宽度（即缝隙宽度）；再根据打胶缝隙的宽度将胶嘴切成比缝隙稍小的口径，并做好对打胶缝隙两边的保护工作，然后在缝隙两边的材料上面贴上 2 ～ 3cm 宽的胶纸，对两边的材料起到保护作用，然后打胶。

5.16 天花检修口（不上人）龙骨处理

节点示意图 天花检修口（不上人）龙骨处理细部节点示意图，如图 5-16 所示。

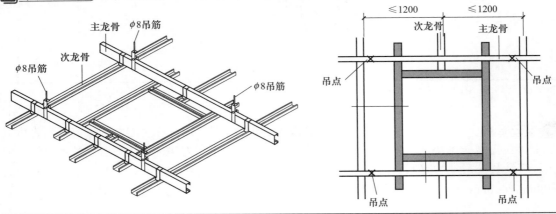

图 5-16 天花检修口（不上人）龙骨处理

做法总结 需要上人进入天花内的，大多开口为 500mm×500mm 等；不需要上人的，大多开口为 300mm×300mm 等。现在多采用成品的检修口。

5.17 吊顶与墙壁阴角处理

节点示意图 吊顶与墙壁阴角处理细部节点示意图，如图 5-17 所示。

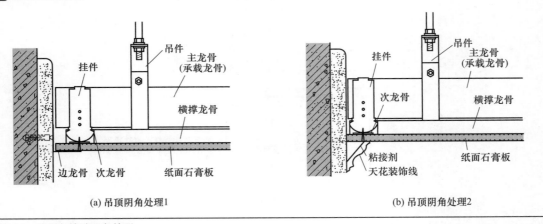

(a) 吊顶阴角处理1　　　　　　　　　　　　(b) 吊顶阴角处理2

图 5-17 吊顶与墙壁阴角处理

做法总结　吊顶与墙壁阴角处理，有采用边龙骨、天花装饰线等形式。

5.18 客厅、餐厅天花吊顶节点处理

节点示意图　客厅、餐厅天花吊顶节点处理细部节点示意图，如图 5-18 所示。

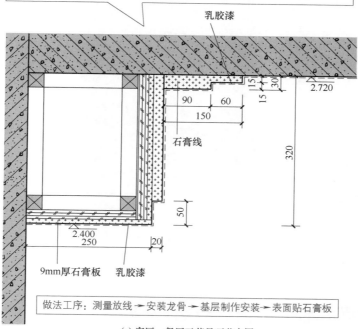

安装石膏板的自攻螺钉钉帽须沉入板面0.5～1mm，不得使纸面破损
钉帽涂防锈漆，钉孔用腻子掺防锈漆补平
石膏板安装前，核对灯孔与龙骨的位置，严禁灯孔与主、次龙骨位置重叠

乳胶漆

石膏线

2.720

320

150

90　60

50

2.400
250

20

9mm厚石膏板　乳胶漆

做法工序：测量放线 → 安装龙骨 → 基层制作安装 → 表面贴石膏板

(a) 客厅、餐厅天花吊顶节点图

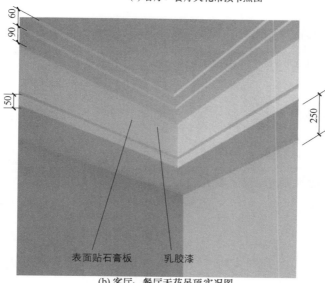

90　60

50

250

表面贴石膏板　乳胶漆

(b) 客厅、餐厅天花吊顶实况图

图 5-18　客厅、餐厅天花吊顶节点处理

做法总结 客厅、餐厅天花吊顶节点中第一层石膏板与第二层石膏板间需错缝铺贴，夹层内满涂白胶。如果是细木工板基层，则要进行防火处理。

5.19 铝塑板吊顶处理

节点示意图 铝塑板吊顶处理细部节点示意图，如图 5-19 所示。

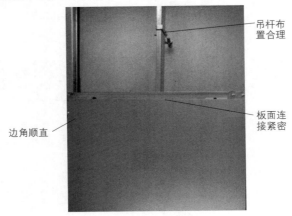

吊杆布置合理

板面连接紧密

边角顺直

图 5-19 铝塑板吊顶处理

做法总结 铝塑板吊顶处理，应符合吊杆布置要合理顺直、主龙骨起拱为 0.1% ～ 0.3%、边角要顺直、板面连接要紧密等要求。

5.20 顶面乳胶漆与格栅节点处理

节点示意图 顶面乳胶漆与格栅节点处理细部节点示意图，如图 5-20 所示。

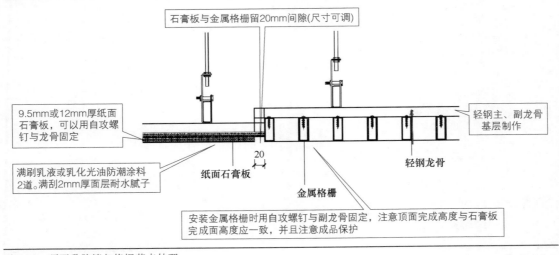

石膏板与金属格栅留20mm间隙(尺寸可调)

9.5mm或12mm厚纸面石膏板，可以用自攻螺钉与龙骨固定

轻钢主、副龙骨基层制作

满刷乳液或乳化光油防潮涂料2道。满刮2mm厚面层层耐水腻子

20

纸面石膏板

轻钢龙骨

金属格栅

安装金属格栅时用自攻螺钉与副龙骨固定，注意顶面完成高度与石膏板完成面高度应一致，并且注意成品保护

图 5-20 顶面乳胶漆与格栅节点处理

做法总结 顶面乳胶漆与格栅节点处理，需要控制好完成面的尺寸，以及控制好不同材质完整收口。安装金属格栅用时自攻螺钉与副龙骨固定，注意顶面完成高度与石膏板完成面高度应一致，并且注意成品保护。满刷乳液或乳化光油防潮涂料 2 道，再满刮 2mm 厚面层耐水腻子。

5.21 石膏板覆面的处理

节点示意图 石膏板覆面的处理细部节点示意图，如图 5-21 所示。

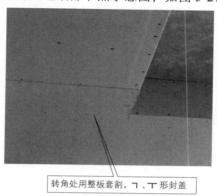

转角处用整板套割，コ、丁形封盖

图 5-21 石膏板覆面的处理

做法总结 进行石膏板覆面的处理时，先侧板后底板，底板压侧板；转角处用整板套割，コ、丁形封盖；螺钉间距应小于 200mm 等。

5.22 石膏线处理

节点示意图 石膏线处理细部节点示意图，如图 5-22 所示。

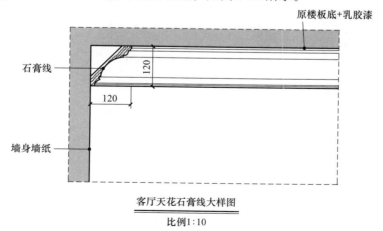

原楼板底+乳胶漆

石膏线

120

120

墙身墙纸

客厅天花石膏线大样图
比例1:10

图 5-22 石膏线处理

做法总结 根据要求采用石膏线，有的石膏线拼角位置采用 45°碰角。

第 6 章

门窗工程

6.1 单层细木工板门套基层处理

→ 节点示意图 单层细木工板门套基层处理细部节点示意图，如图 6-1 所示。

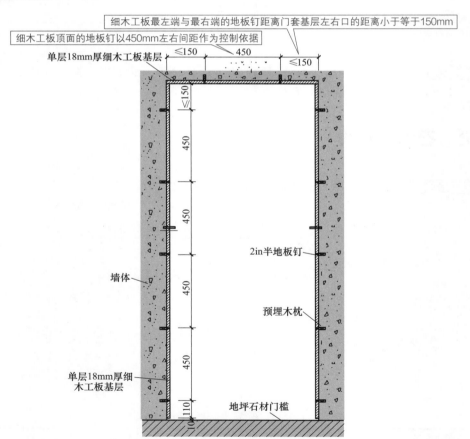

细木工板最左端与最右端的地板钉距离门套基层左右口的距离小于等于150mm

细木工板顶面的地板钉以450mm左右间距作为控制依据

单层18mm厚细木工板基层

2in半地板钉

墙体

预埋木枕

单层18mm厚细木工板基层

地坪石材门槛

图 6-1 单层细木工板门套基层处理
1in=2.54cm，下同

做法总结　　进行单层细木工板门套基层处理时，细木工板侧面底端距离门槛完成面预留10mm距离，最上端的地板钉与门套基层上口距离小于等于150mm，侧面最下端的地板钉与地坪完成面距离110mm，侧面其他的地板钉以450mm上下间距作为控制依据，可以根据门洞水泥块的预留位置微调。

6.2　单层细木工板门套基层钉子定位处理

节点示意图　　单层细木工板门套基层钉子定位处理细部节点示意图，如图6-2所示。

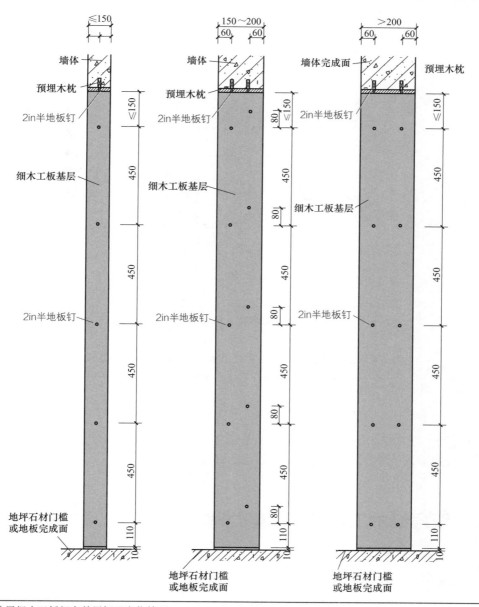

图6-2　单层细木工板门套基层钉子定位处理

做法总结 进行单层细木工板门套基层钉子定位处理时，门套基层宽度小于等于150mm，使用单排地板钉固定处理，地板钉沿细木工板中心线打入。门套基层宽度大于150mm，小于等于200mm时，使用两排地板钉高低错落固定处理，地板钉距细木工板外边缘60mm，高低差80mm。门套基层宽度大于200mm时，使用两排地板钉并排固定处理，地板钉距细木工板外边缘60mm。

6.3 龙骨 + 单层细木工板门套基层处理

节点示意图 龙骨 + 单层细木工板门套基层处理细部节点示意图，如图6-3所示。

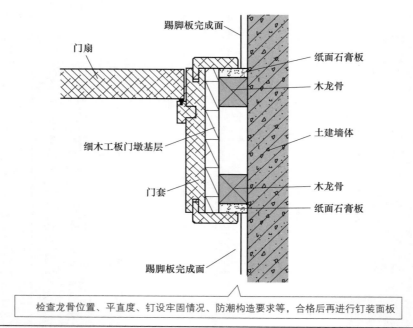

图6-3 龙骨 + 单层细木工板门套基层处理

做法总结 龙骨 + 单层细木工板门套基层处理工序：找位与划线、预埋件与洞口的核查、防潮层的铺设、龙骨的配置与安装、面板的钉装等。

6.4 双层细木工板门套基层处理

节点示意图 双层细木工板门套基层处理细部节点示意图，如图6-4所示。

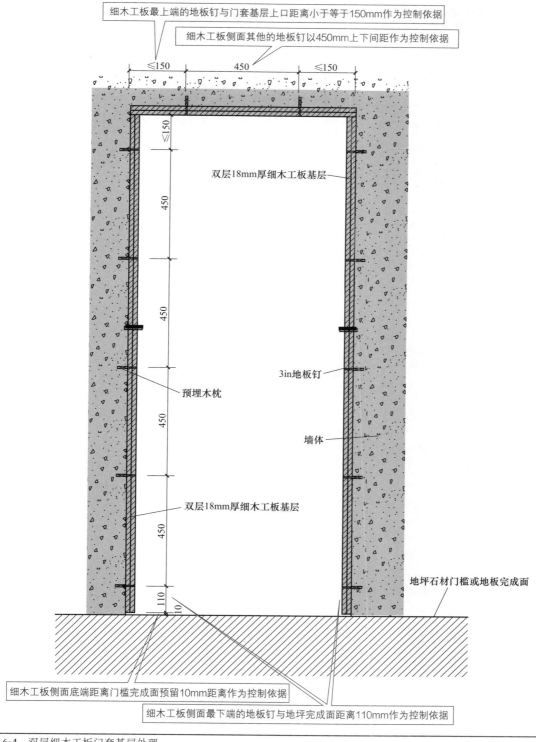

细木工板最上端的地板钉与门套基层上口距离小于等于150mm作为控制依据

细木工板侧面其他的地板钉以450mm上下间距作为控制依据

≤150 450 ≤150

≤150

双层18mm厚细木工板基层

450

450

3in地板钉

450

预埋木枕

墙体

双层18mm厚细木工板基层

450

地坪石材门槛或地板完成面

110

细木工板侧面底端距离门槛完成面预留10mm距离作为控制依据

细木工板侧面最下端的地板钉与地坪完成面距离110mm作为控制依据

图6-4 双层细木工板门套基层处理

做法总结　双层细木工板门套基层处理时，细木工板邻洞口一侧涂刷防火涂料，木枕采用防腐液浸泡进行处理。

6.5 双层细木工板门套基层钉子定位处理

双层细木工板门套基层钉子定位处理细部节点示意图，如图 6-5 所示。

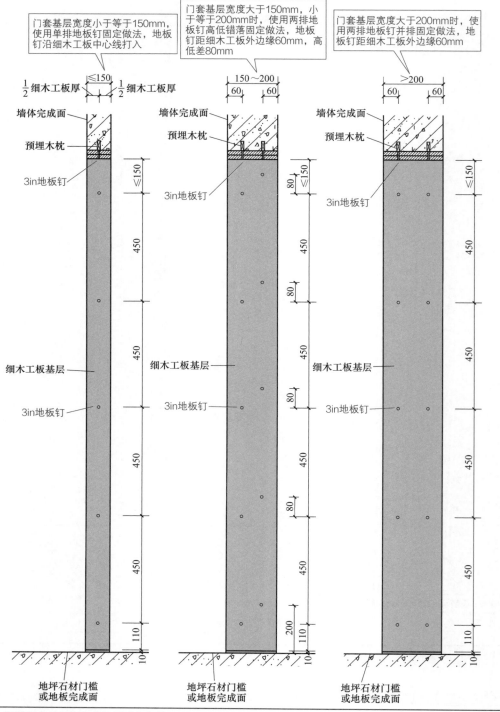

门套基层宽度小于等于150mm，使用单排地板钉固定做法，地板钉沿细木工板中心线打入

门套基层宽度大于150mm，小于等于200mm时，使用两排地板钉高低错落固定做法，地板钉距细木工板外边缘60mm，高低差80mm

门套基层宽度大于200mm时，使用两排地板钉并排固定做法，地板钉距细木工板外边缘60mm

图 6-5 双层细木工板门套基层钉子定位处理

做法总结 进行双层细木工板门套基层钉子定位处理时，根据门套基层宽度来确定门套基层钉子定位。门套基层宽度小于等于150mm时，使用单排地板钉固定，地板钉沿细木工板中心线打入。门套基层宽度大于200mm时，使用两排地板钉并排固定，地板钉距细木工板外边缘60mm。

6.6 简易门套、双侧石膏板双层细木工板门套基层处理

节点示意图 简易门套、双侧石膏板双层细木工板门套基层处理细部节点示意图，如图6-6所示。

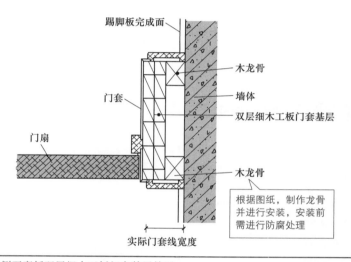

图 6-6 简易门套、双侧石膏板双层细木工板门套基层处理

做法总结 对于简易门套、双侧石膏板双层细木工板门套基层处理，木门套应做好防腐处理，门套与墙面缝隙可以用发泡剂封堵，面层可以用水泥砂浆粉刷平整，门套固定用的铁钉需用防锈漆进行防锈处理。另外，门套下部应与地面悬空，底部高于毛地面200mm，厨卫门套底部高于门槛10mm，下部200mm应做防潮处理。

6.7 标准门套、一侧石膏板一侧硅板双层细木工板门套基层处理

节点示意图 标准门套、一侧石膏板一侧硅板双层细木工板门套基层处理细部节点示意图，如图6-7所示。

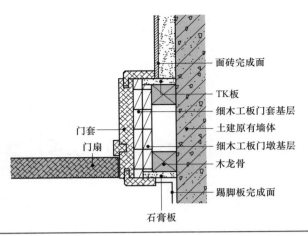

面砖完成面

TK板

细木工板门套基层

土建原有墙体

细木工板门墩基层

木龙骨

踢脚板完成面

门套

门扇

石膏板

图 6-7 标准门套、一侧石膏板一侧硅板双层细木工板门套基层处理

做法总结　若门套基层为双面细木工板，则可以把两层细木工板用木工专用胶水粘接，并在后续经压制后成型。

6.8　进户门半门套基层处理

节点示意图　进户门半门套基层处理细部节点示意图，如图 6-8 所示。

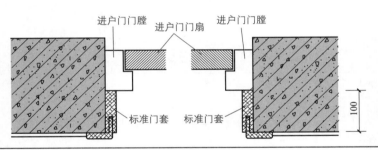

进户门门膛　　进户门门扇　　进户门门膛

标准门套　　标准门套　　100

图 6-8　进户门半门套基层处理

做法总结　门套基层，一般是指门套与墙体间使用的集层板。基层，是相对套装门而言的。现在成品门套很多采用细木工板（大芯板）作为门套基层。有的门洞不做门套基层，直接用发泡剂填充，因此牢固性差。

6.9　进户门内外标高留置处理

节点示意图　进户门内外标高留置处理细部节点示意图，如图 6-9 所示。

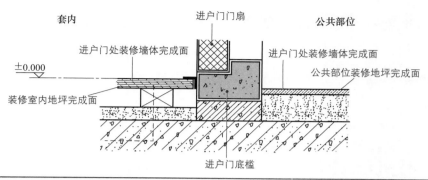

图 6-9　进户门内外标高留置处理

🖥 做法总结　装修室内地坪完成面与公共部位装修地坪完成面间时应设置进户门底槛，进户门底槛上面设置进户门门扇等。

6.10　内平开下悬铝合金窗节点处理

➡️ 节点示意图　内平开下悬铝合金窗节点处理细部节点示意图，如图 6-10 所示。

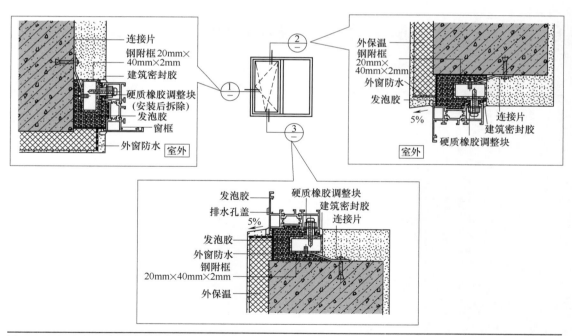

图 6-10　内平开下悬铝合金窗节点处理（60 系列）

🖥 做法总结　门窗开启扇的最大尺寸，需要根据门窗框料的抗压强度、扇的自重、五金件承载能力、五金件与门窗框扇连接强度来确定。

6.11　卧室、书房单层细木工板门套厚墙基层处理

▶️ 节点示意图　卧室、书房单层细木工板门套厚墙基层处理细部节点示意图，如图 6-11 所示。

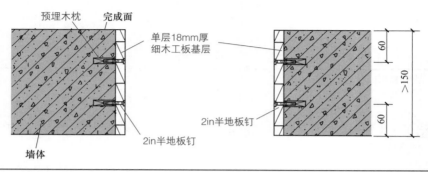

图 6-11　卧室、书房单层细木工板门套厚墙基层处理

▤ 做法总结　卧室、书房单层细木工板门套厚墙基层，也就是采用单层细木工板＋地板钉形式。门套基层宽度大于 150mm、小于等于 200mm 时，使用两排地板钉高低错落固定，地板钉距细木工板外边缘 60mm，高低差 80mm。

6.12　卧室、书房单层细木工板门套薄墙基层处理

▶️ 节点示意图　卧室、书房单层细木工板门套薄墙基层处理细部节点示意图，如图 6-12 所示。

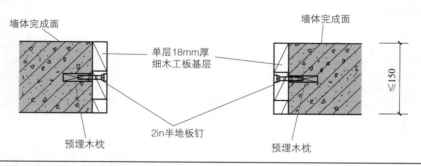

图 6-12　卧室、书房单层细木工板门套薄墙基层处理

▤ 做法总结　对于卧室、书房单层细木工板门套薄墙基层处理，由于是薄墙，所以比厚墙基层地板钉用量要少。门套基层宽度小于等于 150mm，使用单排地板钉固定，地板钉沿细木工板中心线打入。

6.13　厨卫间单层细木工板门套厚墙基层处理

→) 节点示意图　厨卫间单层细木工板门套厚墙基层处理细部节点示意图，如图 6-13 所示。

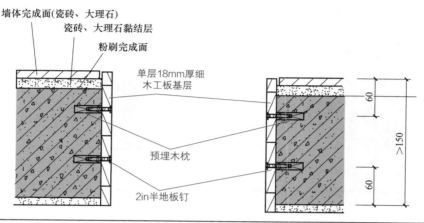

图 6-13　厨卫间单层细木工板门套厚墙基层处理

做法总结　在厨卫间单层细木工板门套厚墙基层处理中，地板钉可以采用膨胀螺栓。

6.14　厨卫间单层细木工板门套薄墙基层处理

→) 节点示意图　厨卫间单层细木工板门套薄墙基层处理细部节点示意图，如图 6-14 所示。

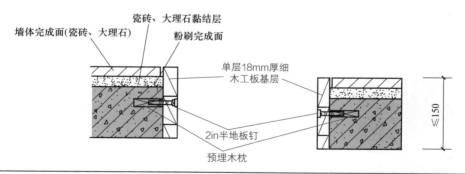

图 6-14　厨卫间单层细木工板门套薄墙基层处理

做法总结　在厨卫间单层细木工板门套薄墙基层处理中，地板钉可以采用膨胀螺栓。厨卫间需要注意防水的处理。

6.15　卧室、书房双层细木工板门套厚墙基层处理

▶ 节点示意图　卧室、书房双层细木工板门套厚墙基层处理细部节点示意图，如图6-15所示。

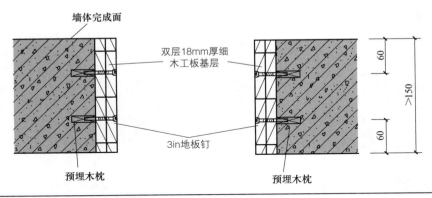

图6-15　卧室、书房双层细木工板门套厚墙基层处理

▤ 做法总结　对于卧室、书房双层细木工板门套厚墙基层处理，由于是厚墙，所以需要采用双排固定形式。门套基层宽度大于200mm时，使用两排地板钉并排固定，地板钉距细木工板外边缘60mm。

6.16　卧室、书房双层细木工板门套薄墙基层处理

▶ 节点示意图　卧室、书房双层细木工板门套薄墙基层处理细部节点示意图，如图6-16所示。

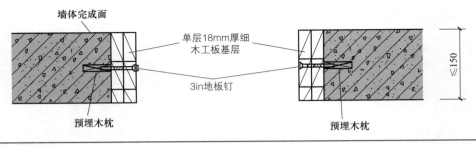

图6-16　卧室、书房双层细木工板门套薄墙基层处理

▤ 做法总结　对于卧室、书房双层细木工板门套薄墙基层处理，由于是薄墙，所以采用单排固定形式即可。

6.17 卫生间门套靴处理

节点示意图 卫生间门套靴处理细部节点示意图，如图 6-17 所示。

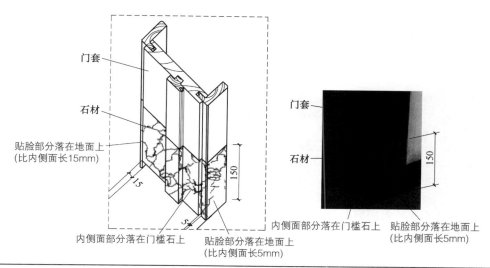

图 6-17 卫生间门套靴处理

做法总结　卫生间的门套不要直接接触地砖的表面，一般要离地砖表面 3~5mm。门套线的背面要用油漆涂刷，再安装上去。卫生间的门上安装一个 15cm 高的门套靴，可以有效地避免将卫生间的水带出浴室。

6.18 玻璃阳台门、洗手间门设置门吸

节点示意图 玻璃阳台门、洗手间门设置门吸细部节点示意图，如图 6-18 所示。

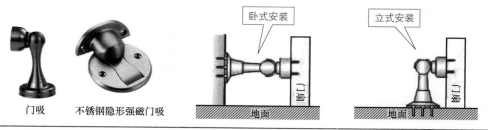

图 6-18 玻璃阳台门、洗手间门设置门吸

做法总结　如果阳台塑钢门地面无门磁固定，则风吹或开启时门易损坏。如果卫生间门无门磁固定，则存在与淋浴玻璃门碰撞等隐患。

6.19 面砖与门窗套交接处处理

节点示意图 面砖与门窗套交接处处理细部节点示意图，如图 6-19 所示。

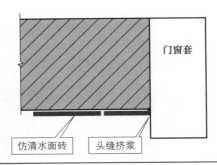

图 6-19 面砖与门窗套交接处处理

做法总结 面砖与门窗套交接位置，采用头缝挤浆不留空隙的处理。

6.20 L 形转角门墩标准门套基层密拼处理

节点示意图 L 形转角门墩标准门套基层密拼处理细部节点示意图，如图 6-20 所示。

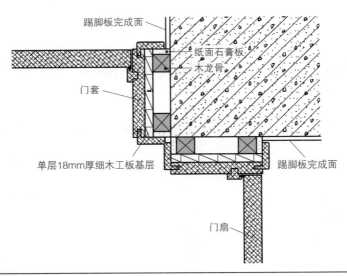

图 6-20 L 形转角门墩标准门套基层密拼处理

做法总结 L 形转角门墩标准门套基层密拼处理，可以采用木龙骨，以及木龙骨上再用细木板作为基层的做法。该基层可以固定在木龙骨上，然后在基层板上安装门套。

6.21　L形转角门墩简易门套基层非密拼处理

⇥ 节点示意图　L形转角门墩简易门套基层非密拼处理细部节点示意图，如图6-21所示。

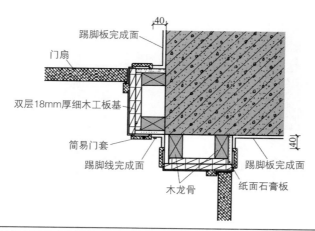

图6-21　L形转角门墩简易门套基层非密拼处理

▤ 做法总结　　L形转角门墩简易门套基层非密拼处理，可以采用木龙骨，以及木龙骨上再用细木板作为基层的做法。该基层可能需要双层板。

6.22　L形转角门墩标准门套基层混拼

⇥ 节点示意图　L形转角门墩标准门套基层混拼细部节点示意图，如图6-22所示。

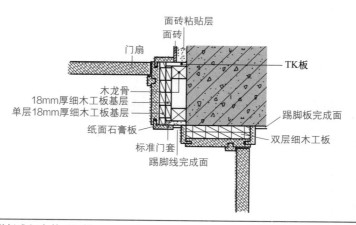

图6-22　L形转角门墩标准门套基层混拼

▤ 做法总结　　L形转角门墩门套基层混拼，可以分为标准门套与简易门套。L形转角门墩标准门套基层混拼，常采用细木工板基层。

6.23 一字形门墩门套基层处理

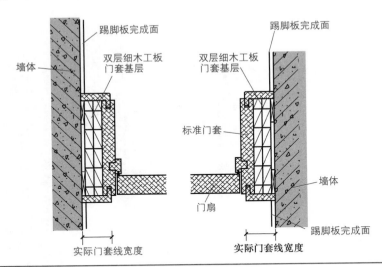

节点示意图 一字形门墩门套基层处理细部节点示意图，如图 6-23 所示。

图 6-23 一字形门墩门套基层处理

做法总结 一字形门墩门套基层，可以采用双层细木工板门套基层。

6.24 石材检修门

节点示意图 石材检修门细部节点示意图，如图 6-24 所示。

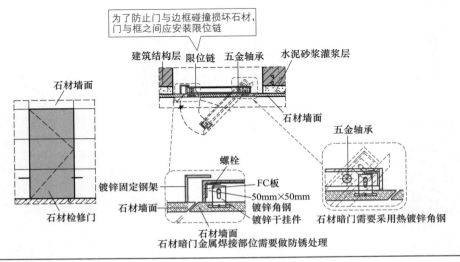

图 6-24 石材检修门

做法总结 石材暗门角钢大小、滚珠轴承大小，需要根据门体的自重来选择。对于钢架面，可以采用防潮板包封。对于石材门边、框边切割面，需要进行抛光处理。

6.25 门套与石材（腰线）节点处理

节点示意图 门套与石材（腰线）节点处理细部节点示意图，如图 6-25 所示。

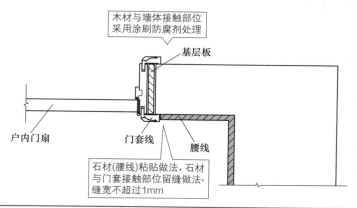

图 6-25 门套与石材（腰线）节点处理

做法总结 安装户内门套基层板，木材与墙体接触部位采用涂刷防腐剂处理。

6.26 窗台与窗楣节点处理

节点示意图 窗台与窗楣节点处理细部节点示意图，如图 6-26 所示。

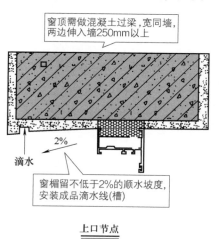

上口节点

图 6-26

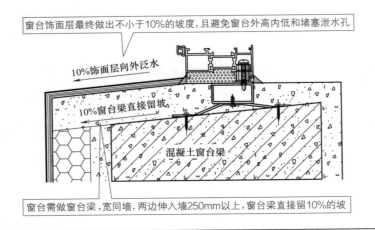

图 6-26 窗台与窗楣节点处理

做法总结 窗楣留不低于 2% 的顺水坡度，并安装成品滴水线（槽）等。窗台石拼接平整，要无高差、无空鼓。窗台石出墙大约 20mm，端头留大约 20mm×30mm 的"耳朵"。窗台石比窗框下沿口略低大约 5mm，或平齐。窗台石长度一般要求为：① 1.5m 以内的窗台 1 块铺贴；②大于 1.5m 小于 2.5m 的窗台平分 2 块铺贴；③大于 2.5m 小于 4m 的窗台平分 3 块铺贴；④大于 4m 小于 5m 的窗台平分 4 块铺贴。

6.27 飘窗台板节点处理

节点示意图 飘窗台板节点处理细部节点示意图，如图 6-27 所示。

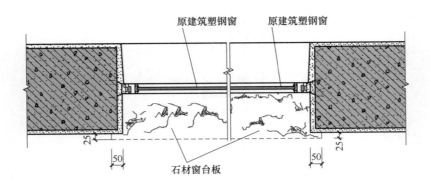

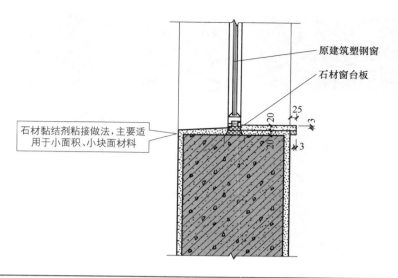

图6-27 飘窗台板节点处理

做法总结 飘窗台板节点处理工序：基层处理→石材黏结剂→石材安装。

6.28 凸窗台面贴石材节点处理

节点示意图 凸窗台面贴石材节点处理细部节点示意图，如图6-28所示。

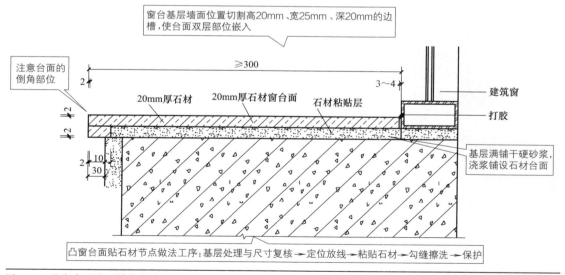

图6-28 凸窗台面贴石材节点处理

做法总结 凸窗台面贴石材节点处理：石材台面邻窗型材位置留3~4mm间隙，并且用硅胶收头，涂硅胶宽度小于或者等于6mm。

第 **7** 章

涂抹与软包工程

7.1　腻子分层施工处理

节点示意图　腻子分层施工处理细部节点示意图，如图 7-1 所示。

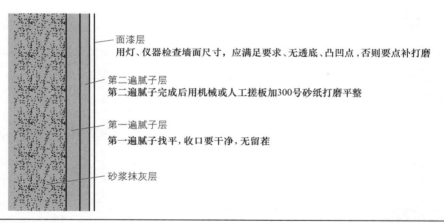

面漆层
用灯、仪器检查墙面尺寸，应满足要求、无透底、凸凹点，否则要点补打磨

第二遍腻子层
第二遍腻子完成后用机械或人工搓板加300号砂纸打磨平整

第一遍腻子层
第一遍腻子找平，收口要干净，无留茬

砂浆抹灰层

图 7-1　腻子分层施工处理

做法总结　进行腻子分层施工处理时，对于墙面清理，必须彻底处理完空鼓开裂、大小头等问题，禁止在腻子施工阶段仍有土建修补作业的处理。腻子修补打磨宜采用机械打磨处理。窗框边、砖边采用美纹纸粘贴保护处理。

7.2　涂料分层施工处理

节点示意图　涂料分层施工处理细部节点示意图，如图 7-2 所示。

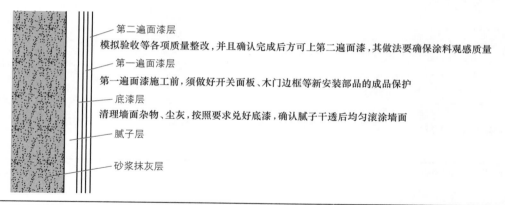

第二遍面漆层
模拟验收等各项质量整改，并且确认完成后方可上第二遍面漆，其做法要确保涂料观感质量
第一遍面漆层
第一遍面漆施工前，须做好开关面板、木门边框等新安装部品的成品保护
底漆层
清理墙面杂物、尘灰，按照要求兑好底漆，确认腻子干透后均匀滚涂墙面
腻子层
砂浆抹灰层

图 7-2　涂料分层施工处理

做法总结　　涂料分层施工处理工序：选材、成品保护、涂布、底漆施工、墙面第一次修补、第一遍面漆、墙面二次修补、第二遍面漆等。涂料分层施工处理前，腻子层应全面打磨清洁，门窗、开关面板、踢脚线等与涂料交接施工面做好成品保护。进行墙面修补处理时，用灯光照射检查墙面裂缝、凹槽等缺陷，并且用底漆兑好腻子点补后打磨平整光滑，底漆遮盖点补面处理。

7.3　喷涂墙面处理

节点示意图　　喷涂墙面处理细部节点示意图，如图 7-3 所示。

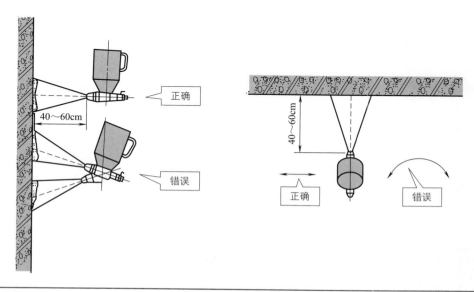

图 7-3

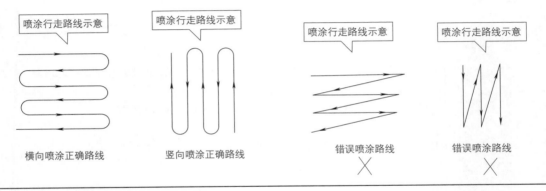

| 横向喷涂正确路线 | 竖向喷涂正确路线 | 错误喷涂路线 | 错误喷涂路线 |

图 7-3　喷涂墙面处理

📑 做法总结　喷涂墙面处理，后一遍喷涂必须在前一遍涂料干燥后进行；每遍涂层不宜过厚，应涂饰均匀，各层结合牢固等。

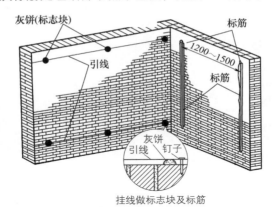

扫码看视频

墙面抹灰标筋处理

7.4　墙面抹灰标筋处理

▶ 节点示意图　墙面抹灰标筋处理细部节点示意图，如图 7-4 所示。

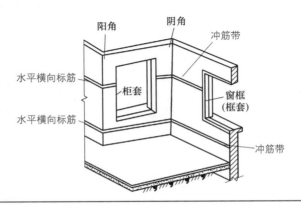

图 7-4　墙面抹灰标筋处理

做法总结　墙面抹灰标筋，包括采用挂线做标志块、标筋等处理。

7.5　护角抹灰处理

节点示意图　护角抹灰处理细部节点示意图，如图 7-5 所示。

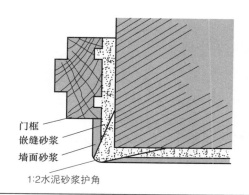

门框
嵌缝砂浆
墙面砂浆
1:2水泥砂浆护角

图 7-5　护角抹灰处理

做法总结　护角抹灰，包括嵌缝砂浆、墙面砂浆、1：2 水泥砂浆护角等。白灰砂浆墙面的阳角，可以用 1：2 的水泥砂浆抹护角，高 ≥ 1.5m。水泥砂浆面层注意接槎，并且压光不少于 2 遍，以及次日洒水养护。纸筋灰、麻刀灰抹灰时，底层不宜太干，罩面分横、竖两遍，并且要压实赶光。

7.6　抹灰的处理

节点示意图　抹灰的处理细部节点示意图，如图 7-6 所示。

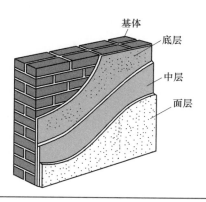

基体
底层
中层
面层

图 7-6　抹灰的处理

做法总结   抹灰整体施工顺序：室内抹灰为自上而下，室外抹灰为自下而上。个体：先墙面、顶棚，后地面。普通抹灰的处理，采用一底层、一中层、一面层等做法。高级抹灰的处理：采用一底层、数中层、一面层等做法。抹灰时，基层腻子干透后，在灯光下进行墙、顶面的打磨。

7.7 涂料与天花石膏线节点处理

节点示意图   涂料与天花石膏线节点处理细部节点示意图，如图 7-7 所示。

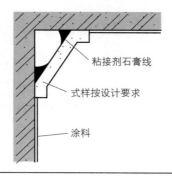

粘接剂石膏线

式样按设计要求

涂料

图 7-7 涂料与天花石膏线节点处理

做法总结   涂料与天花石膏线节点处理，可以采用特定的式样石膏线来收口。

7.8 瓷砖与天花涂料留缝节点处理

节点示意图   瓷砖与天花涂料留缝节点处理细部节点示意图，如图 7-8 所示。

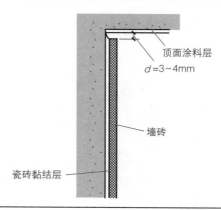

顶面涂料层

d=3~4mm

墙砖

瓷砖黏结层

图 7-8 瓷砖与天花涂料留缝节点处理

做法总结   瓷砖与天花涂料留缝 3~4mm。

7.9　窗帘盒涂料分色面节点处理

节点示意图　窗帘盒涂料分色面节点处理细部节点示意图，如图 7-9 所示。

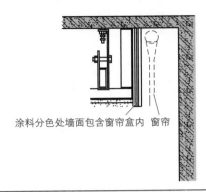

涂料分色处墙面包含窗帘盒内　窗帘

图 7-9　窗帘盒涂料分色面节点处理

做法总结　窗帘盒基层板，可以用木工板（要做防火防腐处理）和石膏板作为窗帘盒的基层。窗帘盒造型做好后，可以用自攻螺钉加以固定。

7.10　墙面软包基层处理

节点示意图　墙面软包基层处理细部节点示意图，如图 7-10 所示。

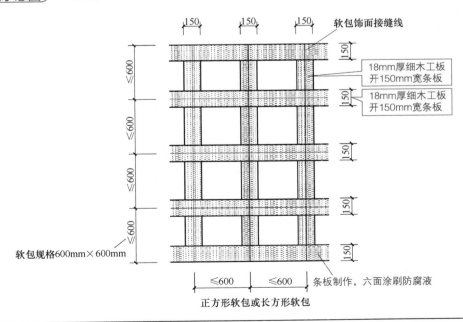

软包饰面接缝线

18mm厚细木工板开150mm宽条板

18mm厚细木工板开150mm宽条板

软包规格600mm×600mm

条板制作，六面涂刷防腐液

正方形软包或长方形软包

图 7-10

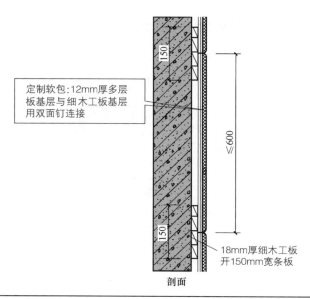

定制软包:12mm厚多层
板基层与细木工板基层
用双面钉连接

≤600

150

150

18mm厚细木工板
开150mm宽条板

剖面

图 7-10　墙面软包基层处理

做法总结　　墙面软包基层处理工序：基层或底板处理→吊直套方与找规矩弹线→计算用料与截面料→面料粘贴→安装贴脸或装饰边线→刷镶边油漆→修整软包墙面等。软包与基层木筋间采用双面钉固定处理。基层木筋使用地板钉固定在墙面上，木枕用防腐液浸泡处理。

7.11　墙面软包规格 >600mm×600mm 基层处理

节点示意图　　墙面软包规格 >600mm×600mm 基层处理细部节点示意图，如图 7-11 所示。

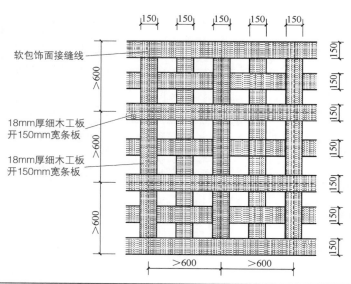

软包饰面接缝线

18mm厚细木工板
开150mm宽条板

18mm厚细木工板
开150mm宽条板

图 7-11　墙面软包规格 >600mm×600mm 基层处理

📑 做法总结　墙面软包工艺流程，主要包括基层或底板处理、吊直、套方、找规矩、弹线、计算用料、截面料、粘贴面料、安装贴脸或装饰边线、刷镶边油漆、修整软包墙面等。软包与基层木筋间采用双面钉固定。基层木筋使用地板钉固定在墙面上，木枕必须用防腐液浸泡。

7.12　软包与木饰面节点处理

➡️ 节点示意图　软包与木饰面节点处理细部节点示意图，如图 7-12 所示。

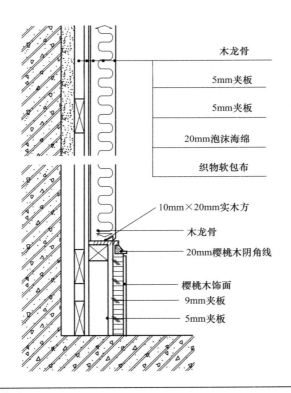

木龙骨
5mm夹板
5mm夹板
20mm泡沫海绵
织物软包布

10mm×20mm实木方
木龙骨
20mm樱桃木阴角线
樱桃木饰面
9mm夹板
5mm夹板

图 7-12　软包与木饰面节点处理

📑 做法总结　软包与木饰面节点处理的工艺流程：弹线、分格→钻孔打入木楔→涂刷防水涂料→装钉木龙骨→铺钉基层板→安装软包块→镶钉装饰条。

7.13　软包与木饰面灯槽节点处理

➡️ 节点示意图　软包与木饰面灯槽节点处理细部节点示意图，如图 7-13 所示。

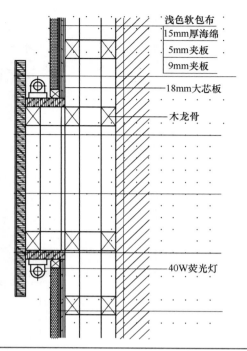

浅色软包布
15mm厚海绵
5mm夹板
9mm夹板
18mm大芯板
木龙骨
40W荧光灯

图 7-13 软包与木饰面灯槽节点处理

📑 **做法总结**   软包与木饰面的灯，也可以考虑 LED 灯带。有的 LED 灯带用的是低电，需要变压器和整流器。

7.14   软包与不锈钢压条节点处理

➡️ **节点示意图**   软包与不锈钢压条节点处理细部节点示意图，如图 7-14 所示。

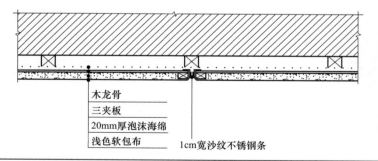

木龙骨
三夹板
20mm厚泡沫海绵
浅色软包布
1cm宽沙纹不锈钢条

图 7-14 软包与不锈钢压条节点处理

📑 **做法总结**   不锈钢压条分为镜面不锈钢压条和亚光面不锈钢压条。镜面不锈钢压条的亮度比传统石膏线要高。亚光面不锈钢压条适用的范围广，非常百搭。不锈钢压条和软包（硬包）搭配，在做造型时，大面积的背景墙搭配上不锈钢压条会使造型的立体感更强。

8.1　楼梯踏步面砖节点处理

节点示意图　楼梯踏步面砖节点处理细部节点示意图，如图 8-1 所示。

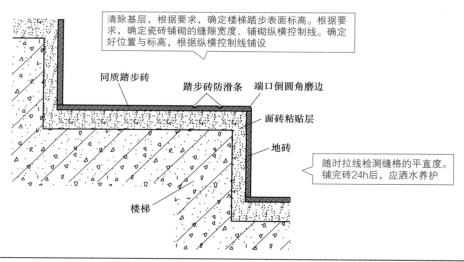

清除基层，根据要求，确定楼梯踏步表面标高。根据要求，确定瓷砖铺砌的缝隙宽度、铺砌纵横控制线。确定好位置与标高，根据纵横控制线铺设

同质踏步砖

踏步砖防滑条　端口倒圆角磨边

面砖粘贴层

地砖

随时拉线检测缝格的平直度。铺完砖24h后，应洒水养护

楼梯

图 8-1　楼梯踏步面砖节点处理

做法总结　楼梯踏步面砖节点处理工序：处理基层与定标高→弹控制线→铺贴瓷砖→拔缝与修整→养护。

8.2　台阶位置踢脚线节点处理

节点示意图　台阶位置踢脚线节点处理细部节点示意图，如图 8-2 所示。

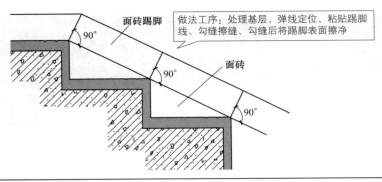

图 8-2　台阶位置踢脚线节点处理

（做法总结）　楼梯可采用成品实木踢脚线，按 90°拼接固定在墙上。也可采用斜坡式踢脚线，应在现场按楼梯的锯齿形雕刻后再安装。

8.3　扶手线条与柱墩处理

（节点示意图）　扶手线条与柱墩处理细部节点示意图，如图 8-3 所示。

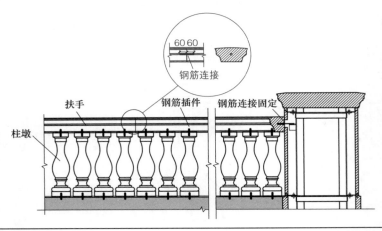

图 8-3　扶手线条与柱墩处理

（做法总结）　扶手墩安装位置以小于扶手墩下口内径地方打眼，镶入 $\phi8$ 钢筋连接片固定，并且镶入的 $\phi8$ 钢筋不少于 3 根。栏杆安装前，要在被装饰建筑上弹出水平线抄平，然后测量出长度，算出扶手墩位置。安装扶手下线时，可以用水泥砂浆浇注扶手下线。

8.4　木到木梯到木接口处理

（节点示意图）　木到木梯到木接口处理细部节点示意图，如图 8-4 所示。

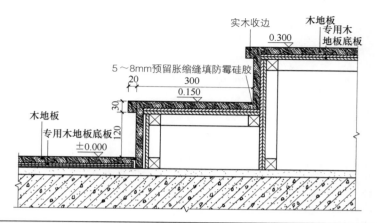

图 8-4 木到木梯到木接口处理

📋 做法总结　木到木梯，也就是木地板到木梯间的交界接口。

8.5　毯梯接口处理

➡️ 节点示意图　毯梯接口处理细部节点示意图，如图 8-5 所示。

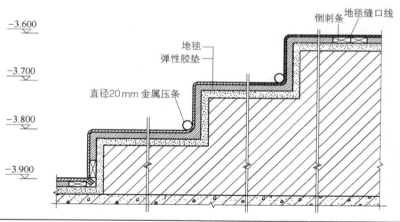

图 8-5 毯梯接口处理

📋 做法总结　毯梯接口，也就是地毯到楼梯间的交界接口。

8.6　石梯接口处理

➡️ 节点示意图　石梯接口处理细部节点示意图，如图 8-6 所示。

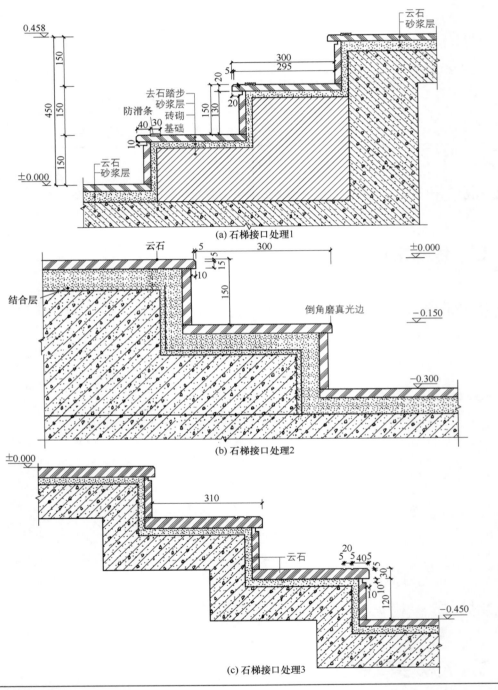

(a) 石梯接口处理1

(b) 石梯接口处理2

(c) 石梯接口处理3

图 8-6 石梯接口处理

做法总结 石梯接口工艺流程，包括基层处理、定标高、弹控制线、铺贴石材、修整、养护等。有的踏步石材端口采用 2mm×2mm 倒角、磨边。

8.7 石梯到木接口处理

节点示意图 石梯到木接口处理细部节点示意图，如图 8-7 所示。

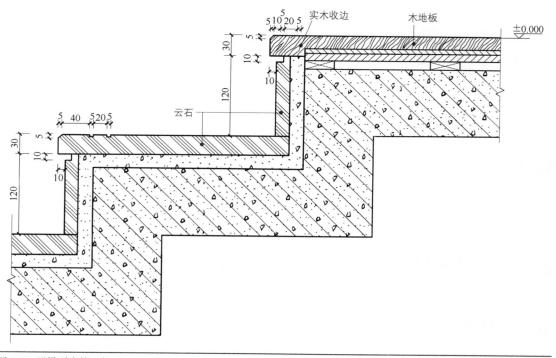

图 8-7 石梯到木接口处理

做法总结 石梯到木接口处理，可以采用实木收边。

8.8 石梯带灯槽接口处理

节点示意图 石梯带灯槽接口处理细部节点示意图，如图 8-8 所示。

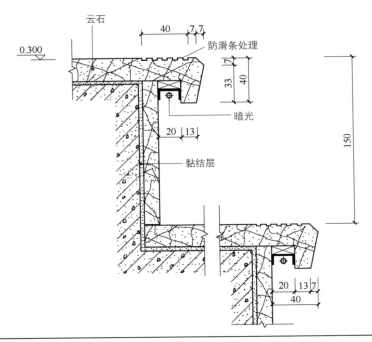

图 8-8 石梯带灯槽接口处理

📄 **做法总结** 　石梯带灯槽接口处理，需要具体根据使用灯的特点来确定。例如，有的流水灯，则可以先在楼梯侧面固定好宽度 18mm、深度 15mm 的卡槽，然后将灯带自带的胶贴撕开贴在合适的位置，再装上柔光罩和感应器即可。

8.9　顶层石梯木地板到石到木地板接口处理

➡ **节点示意图** 　顶层石梯木地板到石到木地板接口处理细部节点示意图，如图 8-9 所示。

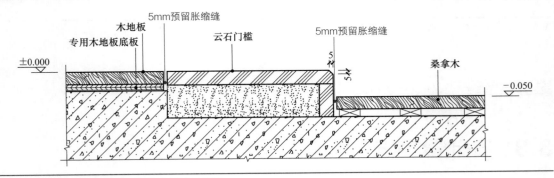

图 8-9 顶层石梯木地板到石到木地板接口处理

📄 **做法总结** 　顶层石梯木地板到石到木地板接口处理前，应计算三者的完成面的标高，并且确定接口间的缝隙。

8.10 楼梯扶手铝合金与墙体连接处理

楼梯扶手铝合金与墙体连接处理细部节点示意图，如图 8-10 所示。

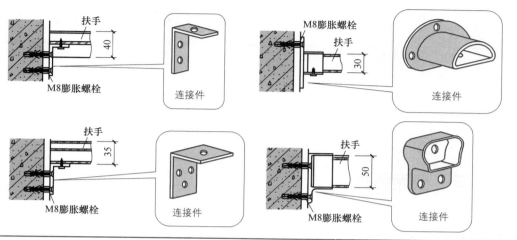

图 8-10 楼梯扶手铝合金与墙体连接处理

做法总结 楼梯扶手铝合金与墙体连接，主要是通过膨胀螺栓来实现的。连接时，需要确定好扶手的高度和连接片的高度。

8.11 楼梯扶手靠墙体连接节点处理

节点示意图 楼梯扶手靠墙体连接节点处理细部节点示意图，如图 8-11 所示。

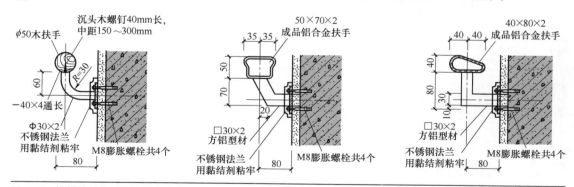

图 8-11 楼梯扶手靠墙体连接节点处理

做法总结 楼梯扶手靠墙体连接，基本采用膨胀螺栓固定。安装时，一定要检测楼梯扶手靠墙尺寸是否符合要求。

第 **9** 章

柜类与窗帘盒

9.1 橱柜台面处理

节点示意图 橱柜台面处理细部节点示意图，如图 9-1 所示。

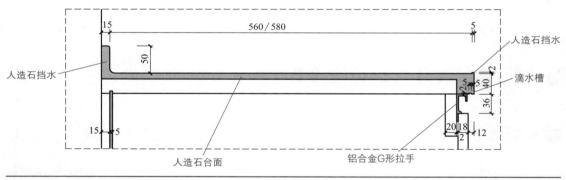

图 9-1 橱柜台面处理

做法总结 橱柜台面滴水槽，一般设置在台面凸出柜体的下方近边沿处，为一个长形凹槽。橱柜台面可以设置一体化挡水条，也可以设置分离式挡水条。

9.2 台面开孔处理

节点示意图 台面开孔处理细部节点示意图，如图 9-2 所示。

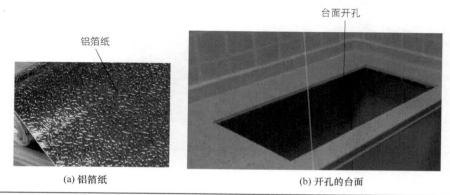

铝箔纸

台面开孔

(a) 铝箔纸　　　　　　　　　　(b) 开孔的台面

图 9-2 台面开孔处理

📋 **做法总结**　台面开孔处理，水槽孔、灶孔边角应加固，防止重物、冷热变化导致台面变形。水槽孔、灶孔内粘铝箔纸，防止水汽直接接触板材导致受潮变形。

9.3　台面前沿反收口或者隔水沿处理

➡️ **节点示意图**　台面前沿反收口或者隔水沿处理细部节点示意图，如图9-3所示。

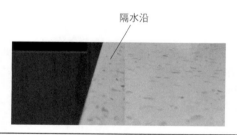

隔水沿

图 9-3　台面前沿反收口或者隔水沿处理

📋 **做法总结**　台面前沿反收口宽到60mm，开门时看不到内衬板。台面前沿下方有滴水槽，可以防止台面上的水流到门板上等。有的台面采用隔水沿处理。

9.4　台面挡水管道避让节点处理

➡️ **节点示意图**　台面挡水管道避让节点处理细部节点示意图，如图9-4所示。

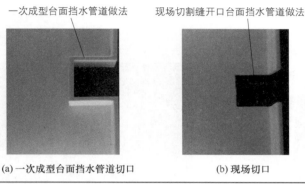

一次成型台面挡水管道做法   现场切割缝开口台面挡水管道做法

(a) 一次成型台面挡水管道切口   (b) 现场切口

图 9-4 台面挡水管道避让节点处理

📑 **做法总结** 台面挡水管道避让，采用一次成型非现场切割缝开口，从而解决管道口的卫生死角问题。

9.5 台面整衬板处理

↪ **节点示意图** 台面整衬板处理细部节点示意图，如图 9-5 所示。

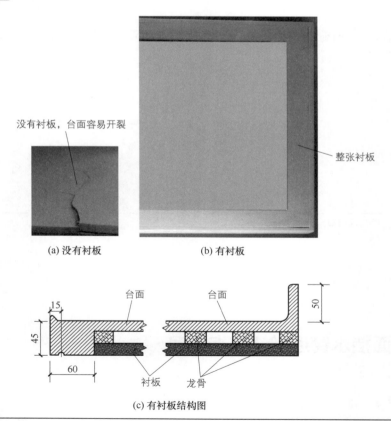

没有衬板，台面容易开裂   整张衬板

(a) 没有衬板   (b) 有衬板

台面   台面

衬板   龙骨

(c) 有衬板结构图

图 9-5 台面整衬板处理

📋 **做法总结** 台面衬板处理，采用整张衬板，从而提高了台面承重力、稳定性以及柜体牢固性。

9.6 低窗台橱柜台面翻边

➡️ **节点示意图** 低窗台橱柜台面翻边细部节点示意图，如图 9-6 所示。

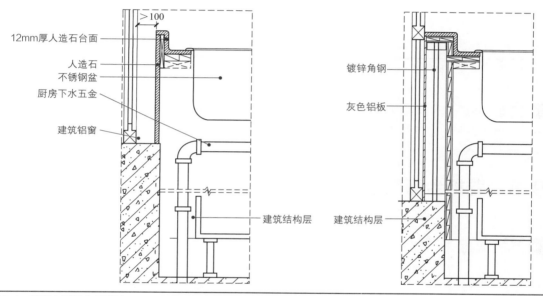

图 9-6 低窗台橱柜台面翻边

📋 **做法总结** 窗台部位低于人造石台面板，人造石台面挡水后根直接到窗边，或者人造石台面挡水后面预留不小于 100mm 的操作空间。

9.7 高窗台橱柜台面翻边

➡️ **节点示意图** 高窗台橱柜台面翻边细部节点示意图，如图 9-7 所示。

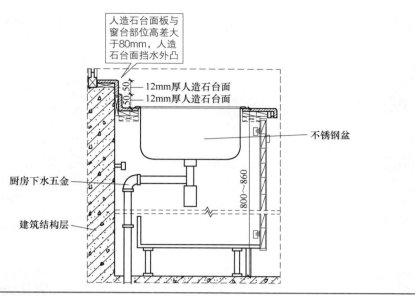

图 9-7　高窗台橱柜台面翻边

📋 做法总结　人造石台面板与窗台部位高差大于 80mm，人造石台面挡水外凸，窗台边可以用人造石或厨房面砖相通的处理方式。

9.8　鞋柜台面倒角

↪️ 节点示意图　鞋柜台面倒角细部节点示意图，如图 9-8 所示。

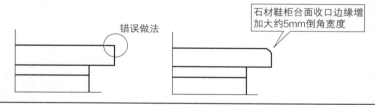

图 9-8　鞋柜台面倒角

📋 做法总结　鞋柜台面没倒角，安装过程中容易崩角，不美观、不安全。石材鞋柜台面收口边缘可以增加大约 5mm 倒角宽度。

9.9　衣柜暗藏式导轨处理

↪️ 节点示意图　衣柜暗藏式导轨处理细部节点示意图，如图 9-9 所示。

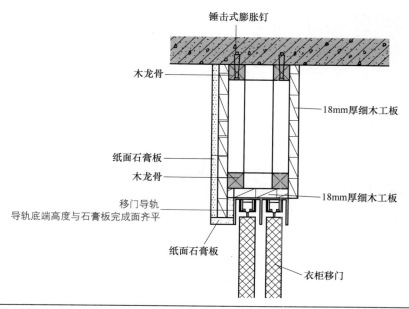

图 9-9　衣柜暗藏式导轨处理

做法总结　衣柜轨道的类型：①上下轨（下轨承重），如果要隐藏，则在做柜时上柜的外面要先加块板材遮挡；②吊趟轨（门通过组件挂在上柜上），无下轨。

9.10　衣柜明露式导轨处理

节点示意图　衣柜明露式导轨处理细部节点示意图，如图 9-10 所示。

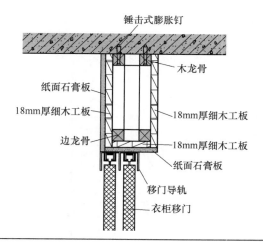

图 9-10　衣柜明露式导轨处理

做法总结　衣柜明露式导轨，也就是比暗藏式导轨处理少了隐藏做法。

9.11 暗藏窗帘盒高度小于 300mm 的处理

→ 节点示意图　暗藏窗帘盒高度小于 300mm 的处理细部节点示意图，如图 9-11 所示。

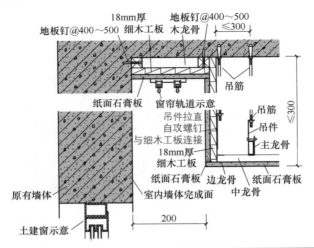

图 9-11　暗藏窗帘盒高度小于 300mm 的处理

做法总结　　木龙骨与顶棚固定，可以采用锤击式膨胀钉；与墙面固定，可以采用地板钉，钉间距为 400~500mm。

9.12 暗藏窗帘盒高度大于 300mm 的处理

→ 节点示意图　暗藏窗帘盒高度大于 300mm 的处理细部节点示意图，如图 9-12 所示。

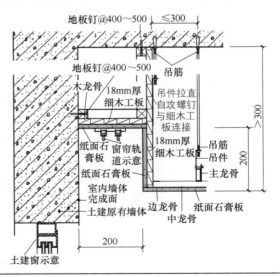

图 9-12　暗藏窗帘盒高度大于 300mm 的处理

做法总结 暗藏窗帘盒的木龙骨六面需要涂刷防火涂料。另外，细木工板未与石膏板接触的一侧也需要涂刷防火涂料。木枕需要用防腐液浸泡。

9.13 普通窗帘盒处理

节点示意图 普通窗帘盒处理细部节点示意图，如图9-13所示。

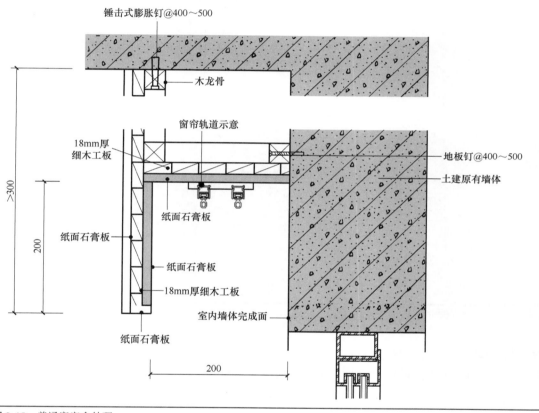

图9-13 普通窗帘盒处理

做法总结 普通窗帘盒处理工艺流程，包括定位划线、窗帘盒的固定等。

9.14 客厅、餐厅窗帘盒节点处理

节点示意图 客厅、餐厅窗帘盒节点处理细部节点示意图，如图9-14所示。

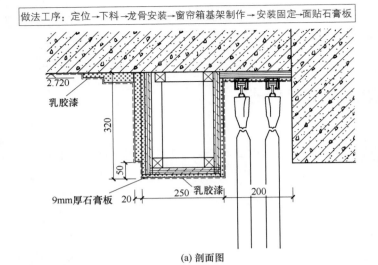

(a) 剖面图

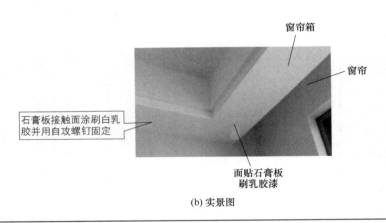

(b) 实景图

图 9-14 客厅、餐厅窗帘盒节点处理

做法总结 客厅、餐厅窗帘盒节点,为了防止开裂,窗帘箱外侧需增加一层石膏板,并且石膏板与细木工板夹层满涂白胶。如果为木基层,则进行防火处理。

第 **10** 章

瓷砖与石材

10.1 石材全干挂节点处理

节点示意图 石材全干挂节点处理细部节点示意图，如图 10-1 所示。

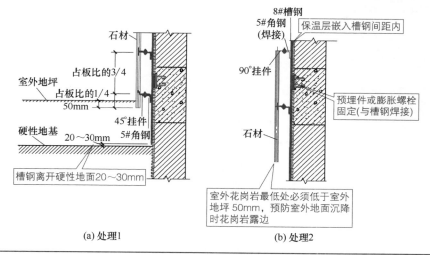

图 10-1 石材全干挂节点处理

做法总结 干挂石材厚度大于 25mm 时，单块板面积不宜大于 1.5m²。干挂石材厚度为 25mm 时，单块板面积不宜大于 1m²。

10.2 石材半干挂节点处理

节点示意图 石材半干挂节点处理细部节点示意图，如图 10-2 所示。

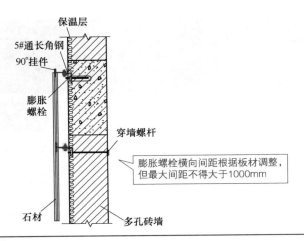

图 10-2 石材半干挂节点处理

🗒️ **做法总结** 石材挂扣件扁钢及螺栓需热镀锌处理或为不锈钢挂件。石材板面需打胶时，胶缝宽窄要一致，并且胶缝边缘平滑挺直，无毛边。

10.3 石材点挂节点处理

➡️ **节点示意图** 石材点挂节点处理细部节点示意图，如图 10-3 所示。

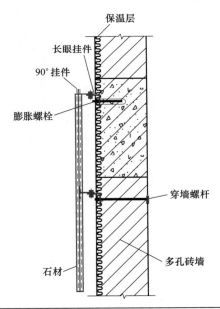

图 10-3 石材点挂节点处理

🗒️ **做法总结** 石材点挂不需要给石材打孔；石材干挂要在石材背面及侧面打孔。石材点挂是用角码做支撑；石材干挂是用铁丝或铜丝等挂住石材。

10.4　石材离缝节点处理

▶ 节点示意图　石材离缝节点处理细部节点示意图，如图 10-4 所示。

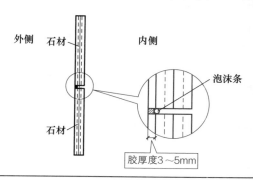

图 10-4　石材离缝节点处理

■ 做法总结　石材离缝，往往采用泡沫条 + 胶的形式。

10.5　石材闭缝节点处理

▶ 节点示意图　石材闭缝节点处理细部节点示意图，如图 10-5 所示。

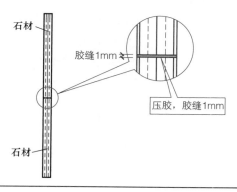

图 10-5　石材闭缝节点处理

■ 做法总结　石材闭缝节点，只需要压胶处理即可。

10.6　石材后植式埋件节点处理

▶ 节点示意图　石材后植式埋件节点处理细部节点示意图，如图 10-6 所示。

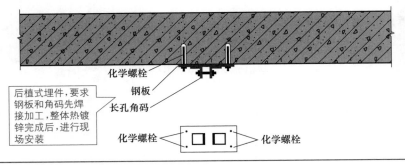

图 10-6　石材后植式埋件节点处理

做法总结　石材后植式埋件方案，要求钢板与角码先在工厂焊接加工，整体热镀锌完成后，进行现场安装。

10.7　湿贴石材加固节点处理

节点示意图　湿贴石材加固节点处理细部节点示意图，如图 10-7 所示。

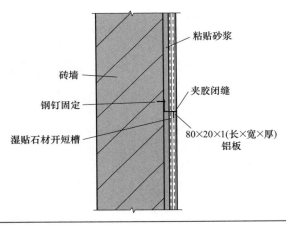

图 10-7　湿贴石材加固节点处理

做法总结　湿贴一般是指石材基层用水泥砂浆作为粘贴材料。石材湿贴工艺流程，主要包括：清理基层→钻孔剔槽→放镀锌铅丝或铜丝→绑扎钢丝网→试拼→弹线→安装固定→灌浆→擦缝→清理墙面等。

10.8　石材外墙腰线节点处理

节点示意图　石材外墙腰线节点处理细部节点示意图，如图 10-8 所示。

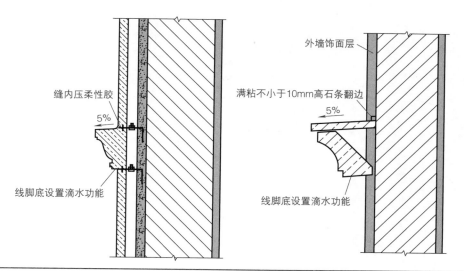

图 10-8 石材外墙腰线节点处理

做法总结 所有腰线防水，都需要保证上平面有坡度，下有滴水功能。腰线拼接位置，需要保证不渗水。室外花岗岩窗台、线脚基层水泥砂浆粉刷坡度大于10%。

10.9 外保温贴文化石节点处理

节点示意图 外保温贴文化石节点处理细部节点示意图，如图 10-9 所示。

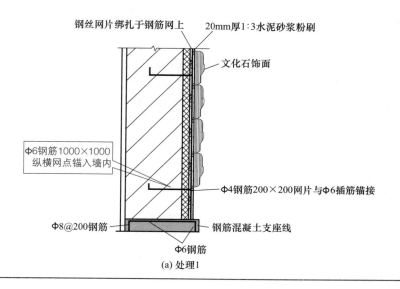

(a) 处理1

图 10-9

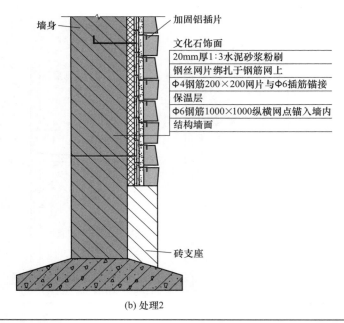

墙身
加固铝插片
文化石饰面
20mm厚1:3水泥砂浆粉刷
钢丝网片绑扎于钢筋网上
Φ4钢筋200×200网片与Φ6插筋锚接
保温层
Φ6钢筋1000×1000纵横网点锚入墙内
结构墙面

砖支座

(b) 处理2

图 10-9 外保温贴文化石节点处理

做法总结 镶贴文化石的基层，一般抹 1：3 的水泥砂浆一层，厚度大约 15mm，并且表面用木抹子搓毛，以及要求墙面抹灰必须平整、垂直、方正。粘贴文化石前，必须对文化石进行挑选，将色泽不同的砖分别堆放。粘贴文化石前，必须进行预排，以保证接缝均匀。

10.10 小面面砖排布处理

节点示意图 小面面砖排布处理细部节点示意图，如图 10-10 所示。

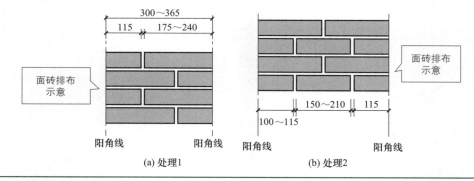

(a) 处理1   (b) 处理2

图 10-10 小面面砖排布处理

做法总结 小面面砖排布处理——外墙面采用 1：3 水泥砂浆粉刷，两次成活，粉刷层厚度≥ 15mm，以提高墙身自防水能力。贴外墙面砖前，采用提早一天将墙体粉刷及面砖浇水湿润，勾缝的深度宜凹进 2～3mm 等处理做法。

10.11 仿清水面砖排布处理

➡️ 节点示意图　仿清水面砖排布处理细部节点示意图，如图 10-11 所示。

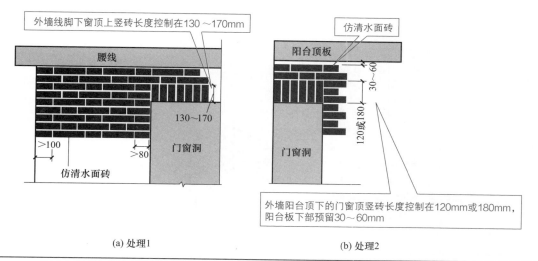

外墙线脚下窗顶上竖砖长度控制在 130～170mm

腰线

130～170

\>100

\>80

门窗洞

仿清水面砖

(a) 处理1

仿清水面砖

阳台顶板

30～60

120或180

门窗洞

外墙阳台顶下的门窗顶竖砖长度控制在 120mm 或 180mm，阳台板下部预留 30～60mm

(b) 处理2

图 10-11　仿清水面砖排布处理

📋 做法总结　进行仿清水面砖处理时，勾缝采用半干粉或挤浆工艺施工。排布时，采用阳角砖大于 100mm、窗间墙阳角砖大于 80mm 等做法。

扫码看视频

铺贴瓷砖基层
拉毛节点处理

10.12 铺贴瓷砖基层拉毛节点处理

➡️ 节点示意图　铺贴瓷砖基层拉毛节点处理细部节点示意图，如图 10-12 所示。

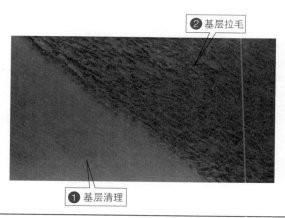

② 基层拉毛

① 基层清理

图 10-12　铺贴瓷砖基层拉毛节点处理

📋 做法总结　铺贴瓷砖基层拉毛节点处理，包括基层清理、基层拉毛等做法。

10.13　瓷砖阳角铺贴节点处理

节点示意图　瓷砖阳角铺贴节点处理细部节点示意图，如图 10-13 所示。

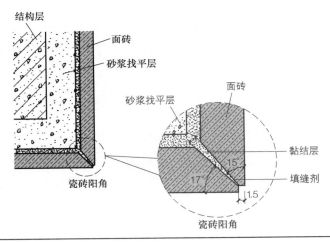

图 10-13　瓷砖阳角铺贴节点处理

做法总结　瓷砖阳角铺贴，除了采用瓷砖阳角线外，还可以采用切角形式。瓷砖拼角位置容易崩瓷、开裂，因此，应避免碰撞。

10.14　瓷砖阴角收口处理

节点示意图　瓷砖阴角收口处理细部节点示意图，如图 10-14 所示。

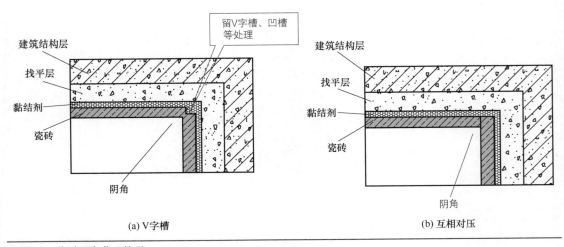

(a) V字槽　　　　　　　　　　　　　　(b) 互相对压

图 10-14　瓷砖阴角收口处理

做法总结　　瓷砖阴角收口处理，包括互相对压、V 字槽等形式。互相对压，也就是墙砖跟随墙体的转折铺贴产生的阴角过渡方式。如果是墙地瓷砖阴角，则可以采用瓷砖墙压地收口方式，或者成品铝型材收口条方式。

10.15　内墙面砖阳角收口处理

节点示意图　　内墙面砖阳角收口处理细部节点示意图，如图 10-15 所示。

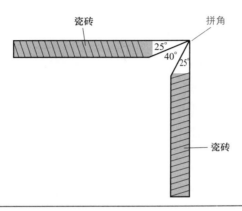

图 10-15　内墙面砖阳角收口处理

做法总结　　内墙面砖阳角收口处理，主要是要注意切口要恰当等情况。

10.16　腰线小面砖细部处理

节点示意图　　腰线小面砖细部处理细部节点示意图，如图 10-16 所示。

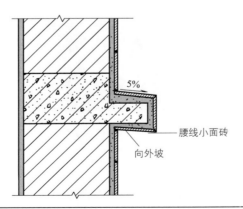

图 10-16　腰线小面砖细部处理

📋 **做法总结** 腰线小面砖的处理，主要是外坡度的控制。

10.17　面砖阴角处理

🔸 **节点示意图** 面砖阴角处理细部节点示意图，如图 10-17 所示。

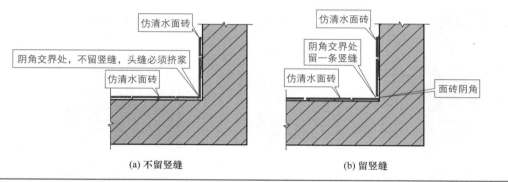

(a) 不留竖缝　　　　　(b) 留竖缝

图 10-17　面砖阴角处理

📋 **做法总结** 面砖阴角，分不留竖缝与留竖缝类型。面砖阴角留缝，除需要留缝处理外，还需要保证墙砖的阴角不能出现瓷砖空鼓的问题。

10.18　黏结剂铺贴马赛克节点处理

🔸 **节点示意图** 黏结剂铺贴马赛克节点处理细部节点示意图，如图 10-18 所示。

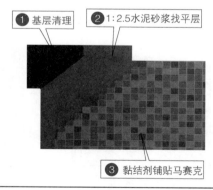

① 基层清理　② 1:2.5 水泥砂浆找平层

③ 黏结剂铺贴马赛克

图 10-18　黏结剂铺贴马赛克节点处理

📋 **做法总结** 黏结剂铺贴马赛克节点处理包括基层清理、1:2.5 水泥砂浆找平层、黏结剂铺贴马赛克等做法，要求砖缝均匀、表面平整、阴阳角方正等。

10.19 马赛克腰线与瓷砖节点处理

→ 节点示意图 马赛克腰线与瓷砖节点处理细部节点示意图，如图10-19所示。

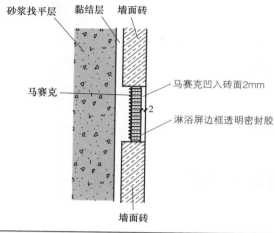

图 10-19 马赛克腰线与瓷砖节点处理

做法总结 卫生间马赛克腰线的施工步骤：先将卫生间墙面铺贴上瓷砖，并且给腰线预留凹槽；等普通瓷砖固定后，再贴马赛克。

第 11 章

踢脚线与踢脚板

11.1 不锈钢踢脚线处理

节点示意图 不锈钢踢脚线处理细部节点示意图，如图 11-1 所示。

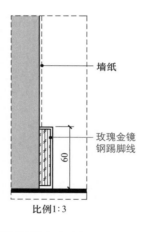

墙纸

玫瑰金镜钢踢脚线

60

比例1:3

图 11-1 不锈钢踢脚线处理

做法总结 不锈钢踢脚线 45°接缝顺直，接缝位置采用顺直并抛光处理。

11.2 木制踢脚线处理

节点示意图 木制踢脚线处理细部节点示意图，如图 11-2 所示。

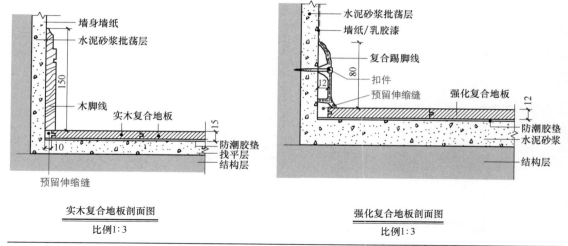

实木复合地板剖面图
比例1：3

强化复合地板剖面图
比例1：3

图 11-2　木制踢脚线处理

做法总结　木制踢脚线处理，踢脚线 45°接缝紧密，全空间墙身顺直处理。

11.3　砖制踢脚处理

节点示意图　砖制踢脚处理细部节点示意图，如图 11-3 所示。

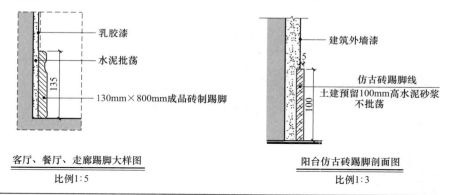

客厅、餐厅、走廊踢脚大样图
比例1：5

阳台仿古砖踢脚剖面图
比例1：3

图 11-3　砖制踢脚处理

做法总结　砖制踢脚处理，踢脚线与墙身铺贴要紧密，转角位置切割要符合标准，拼接要紧密。

11.4　木质踢脚线节点处理

节点示意图　木质踢脚线节点处理细部节点示意图，如图 11-4 所示。

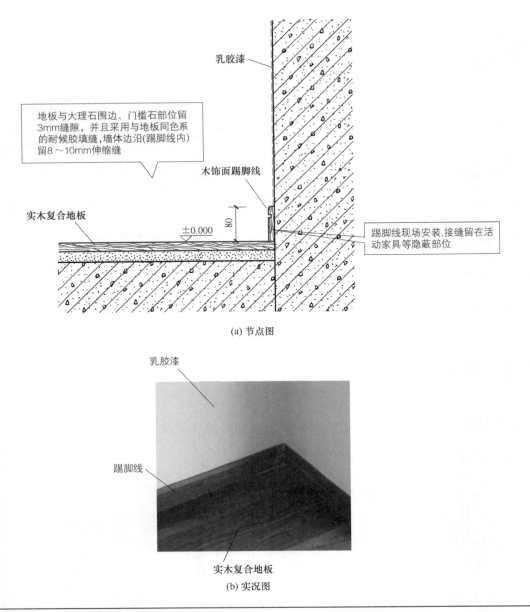

乳胶漆

地板与大理石围边、门槛石部位留3mm缝隙,并且采用与地板同色系的耐候胶填缝,墙体边沿(踢脚线内)留8～10mm伸缩缝

木饰面踢脚线

实木复合地板

±0.000

80

踢脚线现场安装,接缝留在活动家具等隐蔽部位

(a) 节点图

乳胶漆

踢脚线

实木复合地板

(b) 实况图

图 11-4 木质踢脚线节点处理

📑 **做法总结**　客厅、餐厅、卧室、儿童房木质踢脚线节点处理,踢脚线阴阳角做 45°拼接。踢脚线在墙面批灰,打磨完成后安装。成品踢脚线背面需要刷防潮漆或贴平衡纸。

11.5　衣柜与踢脚板收头节点处理

➡️ **节点示意图**　衣柜与踢脚板收头节点处理细部节点示意图, 如图 11-5 所示。

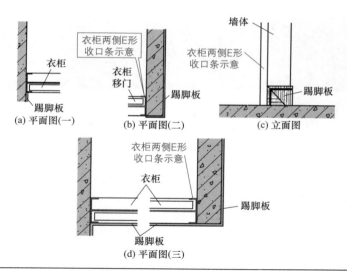

图 11-5　衣柜与踢脚板收头节点处理

做法总结　衣柜与踢脚板收头节点处理：衣柜与踢脚板收入时为 E 形铝合金槽口退进衣柜侧墙面，踢脚板跟进，则可以采用正常的收口处理；衣柜与踢脚板平接时为 E 形铝合金槽口与衣柜侧墙面平齐，踢脚板凭空收头，则可以将踢脚板切割 45°角，切割面对拼处理；衣柜做地板踢脚板跟进时为 E 形铝合金槽口与衣柜侧墙面平齐，但是衣柜底部制作一个木支撑平台，踢脚板跟进衣柜底端。

11.6　面砖瓷砖踢脚线节点处理

节点示意图　面砖瓷砖踢脚线节点处理细部节点示意图，如图 11-6 所示。

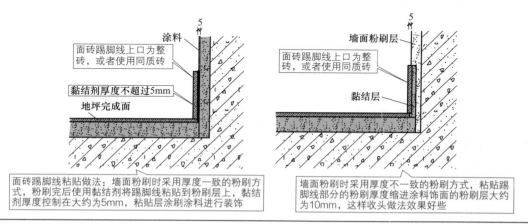

图 11-6　面砖瓷砖踢脚线节点处理

做法总结　面砖瓷砖踢脚线节点处理，可以采用在粉刷的墙面上使用黏结剂黏结踢脚线，或者采用踢脚线缩进涂料饰面的处理方式。

第 12 章

功能间

12.1　淋浴房门预埋件处理

节点示意图　淋浴房门预埋件处理细部节点示意图，如图 12-1 所示。

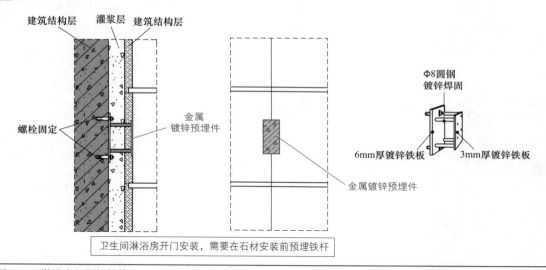

图 12-1　淋浴房门预埋件处理

做法总结　淋浴房门安装，需要在石材安装前预埋铁杆，直接与墙体固定。如果是砂加气墙，则需要采用对穿螺栓杆加固做法。

12.2　卫生间壁龛处理

节点示意图　卫生间壁龛处理细部节点示意图，如图 12-2 所示。

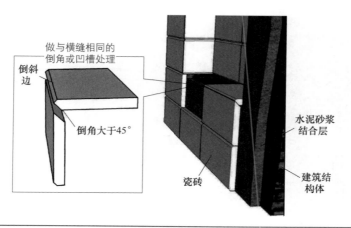

图 12-2　卫生间壁龛处理

📑 做法总结　卫生间壁龛高度，一般根据墙面石材或瓷砖排布而考虑，需要与横缝跟平，并做与横缝相同的倒角或凹槽处理。

12.3　卫生间玻璃隔断与大理石墙面交接处理

⇨ 节点示意图　卫生间玻璃隔断与大理石墙面交接处理细部节点示意图，如图 12-3 所示。

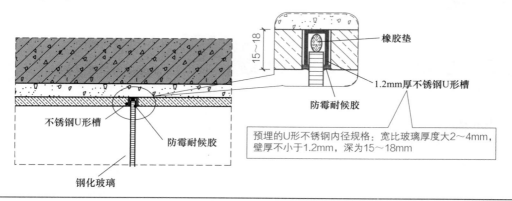

图 12-3　卫生间玻璃隔断与大理石墙面交接处理

📑 做法总结　安装淋浴房玻璃前，在两块石材间预埋 U 形不锈钢槽，用 AB 胶或云石胶黏结固定，把玻璃嵌入槽内。接缝位置打透明防霉硅胶。淋浴房玻璃需要进行四周磨边处理。

12.4　卫生间门槛石多层止水坎处理

⇨ 节点示意图　卫生间门槛石多层止水坎处理细部节点示意图，如图 12-4 所示。

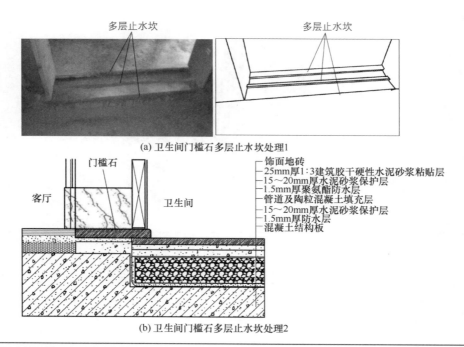

(a) 卫生间门槛石多层止水坎处理1

饰面地砖
25mm厚1:3建筑胶干硬性水泥砂浆粘贴层
15~20mm厚水泥砂浆保护层
1.5mm厚聚氨酯防水层
管道及陶粒混凝土填充层
15~20mm厚水泥砂浆保护层
1.5mm厚防水层
混凝土结构板

门槛石

客厅

卫生间

(b) 卫生间门槛石多层止水坎处理2

图 12-4　卫生间门槛石多层止水坎处理

▤⃒做法总结　卫生间门槛石多层止水坎施工前，需要将门槛部位进行凿毛套浆处理，以便使止水坎水泥砂浆能够有机地与原基层黏结。水泥砂浆要采用高标号产品，并且标高要低于室内材质完成面大约 10mm。止水坎完成后，需要与地面统一做防水处理。

12.5　卫生间淋浴房止水坎处理

▷⃒节点示意图　卫生间淋浴房止水坎处理细部节点示意图，如图 12-5 所示。

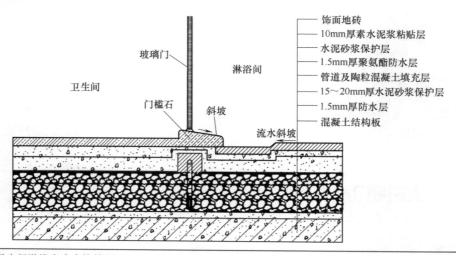

玻璃门
淋浴间
卫生间
门槛石
斜坡
流水斜坡

饰面地砖
10mm厚素水泥浆粘贴层
水泥砂浆保护层
1.5mm厚聚氨酯防水层
管道及陶粒混凝土填充层
15~20mm厚水泥砂浆保护层
1.5mm厚防水层
混凝土结构板

图 12-5　卫生间淋浴房止水坎处理

📋 **做法总结**　　卫生间淋浴房止水坎，靠淋浴房侧需要做止口与倒坡，并且与墙面交接位置需要用云石胶嵌实。

12.6　卫生间地漏处理

➡️ **节点示意图**　　卫生间地漏处理细部节点示意图，如图 12-6 所示。

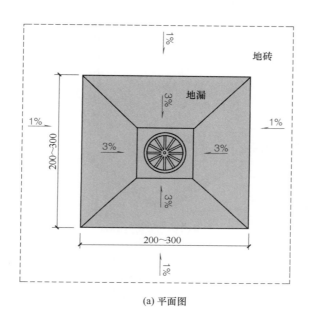

(a) 平面图

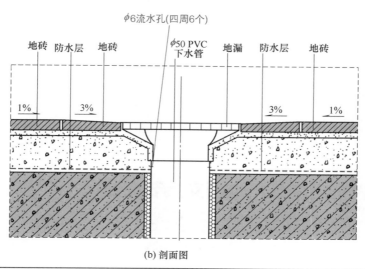

(b) 剖面图

图 12-6　卫生间地漏处理

做法总结　进行卫生间地漏处理时，需要封严地漏边缝，即将地漏四面的缝隙用玻璃胶或黏合剂封严。

12.7　卫生间挡水节点处理

节点示意图　卫生间挡水节点处理细部节点示意图，如图 12-7 所示。

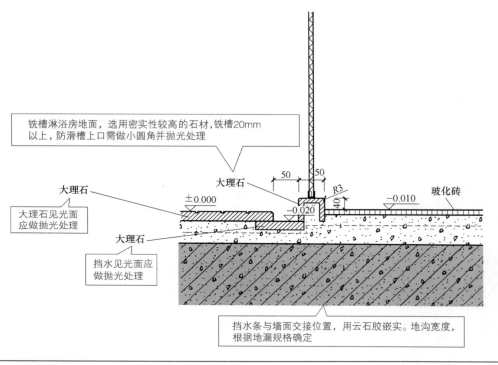

铣槽淋浴房地面，选用密实性较高的石材,铣槽20mm以上,防滑槽上口需做小圆角并抛光处理

大理石

大理石见光面应做抛光处理

±0.000

大理石

挡水见光面应做抛光处理

大理石

50　50

R3

40

−0.020

−0.010

玻化砖

挡水条与墙面交接位置,用云石胶嵌实。地沟宽度,根据地漏规格确定

图 12-7　卫生间挡水节点处理

做法总结　卫生间挡水节点，根据要求现场弹线，结构楼面预植 $\phi6$ 圆钢，间距不大于300mm，在顶端处焊接 $\phi6$ 圆钢连接，制模浇捣翻边，翻边位置地面预先凿毛，然后采用细石混凝土浇捣。挡水翻边与墙体交接位置，伸入墙 20mm，并且与地面统一做防水处理。

12.8　淋浴房挡水坎与地面交接节点处理

节点示意图　淋浴房挡水坎与地面交接节点处理细部节点示意图，如图 12-8 所示。

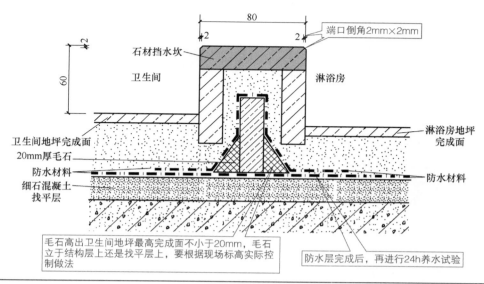

图 12-8 淋浴房挡水坎与地面交接节点处理

做法总结 毛石高度，根据高于淋浴房内侧与外侧最高地面瓷砖完成面 20mm 控制。毛石可以使用 50mm×30mm 的 C20 素混凝土进行替代。毛石端头抵紧墙面，两侧使用细石混凝土捣实，3 天后涂刷 JS 防水涂料。

12.9 卫生间门槛石节点处理

节点示意图 卫生间门槛石节点处理细部节点示意图，如图 12-9 所示。

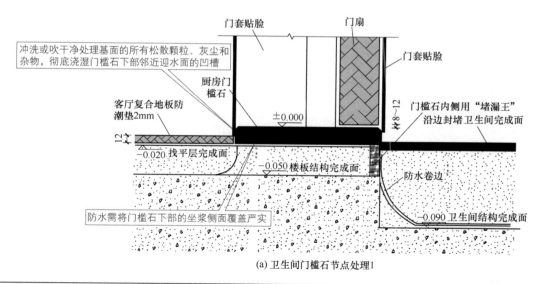

(a) 卫生间门槛石节点处理1

图 12-9

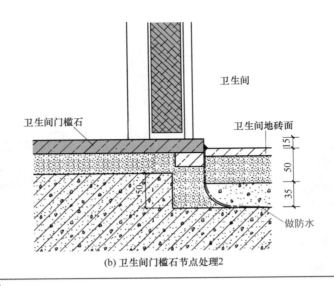

卫生间

卫生间门槛石

卫生间地砖面

做防水

(b) 卫生间门槛石节点处理2

图 12-9　卫生间门槛石节点处理

📋 做法总结　　卫生间门槛石节点处理，门槛石铺贴时兑入防水剂，门槛石坐浆时在迎水面一侧留大约 2cm 的凹槽，凹槽再用"堵漏王"封堵密实。

12.10　卫生间干湿分离节点处理

➡️ 节点示意图　　卫生间干湿分离节点处理细部节点示意图，如图 12-10 所示。

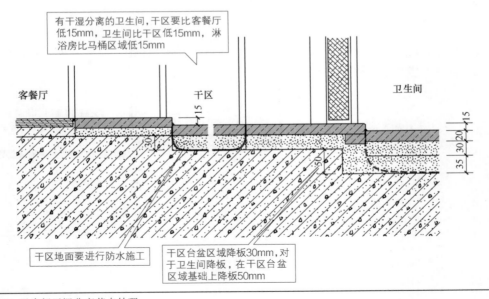

有干湿分离的卫生间,干区要比客餐厅低15mm,卫生间比干区低15mm,淋浴房比马桶区域低15mm

客餐厅

干区

卫生间

干区地面要进行防水施工

干区台盆区域降板30mm,对于卫生间降板,在干区台盆区域基础上降板50mm

图 12-10　卫生间干湿分离节点处理

做法总结 卫生间干湿分离，是指将卫生间干燥部分（马桶、浴室柜）与湿的部分（淋浴区）分离，这样可以更合理地利用卫生间。卫生间干区也需要做防水。卫生间湿区应做降板处理。

12.11 地暖管进出卫生间反坎开槽处理

节点示意图 地暖管进出卫生间反坎开槽处理细部节点示意图，如图 12-11 所示。

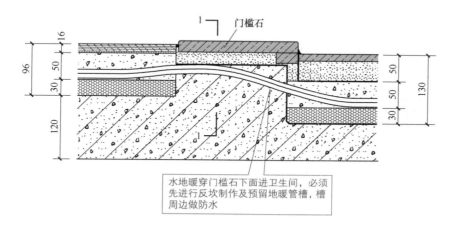

水地暖穿门槛石下面进卫生间，必须先进行反坎制作及预留地暖管槽，槽周边做防水

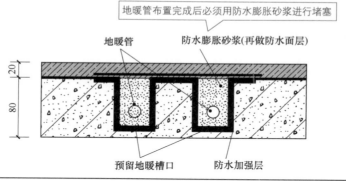

图 12-11 地暖管进出卫生间反坎开槽处理

做法总结 地暖管进出卫生间反坎开槽处理时，地暖槽应进行防水处理与防水加强层处理。

12.12 厨房不锈钢背板处理

节点示意图 厨房不锈钢背板处理细部节点示意图，如图 12-12 所示。

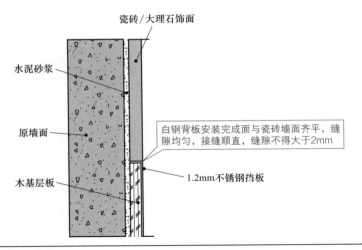

图 12-12　厨房不锈钢背板处理

做法总结　厨房白钢背板对应抽油烟机、灶台安装位墙面居中安装，宽度与抽油烟机同宽。厨房白钢背板厚度不小于 1.2mm。

12.13　厨房门口地板与过门石平扣处理

节点示意图　厨房门口地板与过门石平扣处理细部节点示意图，如图 12-13 所示。

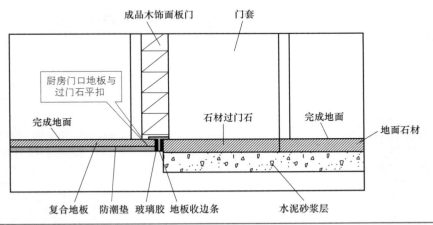

图 12-13　厨房门口地板与过门石平扣处理

做法总结　地板与过门石的收口，通常采用两种方式：一种是用压条收边收口；另外一种是留小缝隙不做压条收口。

12.14　厨房烟道反坎节点处理

扫码看视频

厨房烟道反坎
节点处理

➡ 节点示意图　厨房烟道反坎节点处理细部节点示意图，如图 12-14 所示。

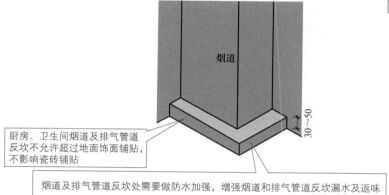

烟道

厨房、卫生间烟道及排气管道
反坎不允许超过地面饰面铺贴，
不影响瓷砖铺贴

30～50

烟道及排气管道反坎处需要做防水加强，增强烟道和排气管道反坎漏水及返味

图 12-14　厨房烟道反坎节点处理

▤ 做法总结　厨房烟道反坎节点处理：烟道洞口周边设置一道 C20 素混凝土反坎。反坎高度需要高出楼地面小于 100mm，宽度不小于 100mm。墙面防水需要上翻 300mm。

12.15　厨房、卫生间天花节点处理

➡ 节点示意图　厨房、卫生间天花节点处理细部节点示意图，如图 12-15 所示。

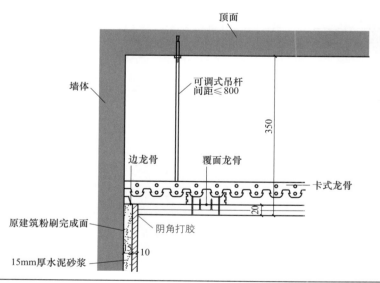

顶面

墙体

可调式吊杆
间距≤800

350

边龙骨　　覆面龙骨

卡式龙骨

20

原建筑粉刷完成面　　阴角打胶

15mm厚水泥砂浆

15　10

图 12-15　厨房、卫生间天花节点处理

做法总结 厨房、卫生间天花节点，石膏板与墙面连接位置应做打胶处理。

12.16 厨房或者卫生间门槛石节点处理

节点示意图 厨房或者卫生间门槛石节点处理细部节点示意图，如图12-16所示。

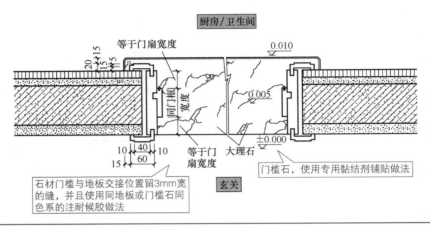

图12-16 厨房或者卫生间门槛石节点处理

做法总结 厨房或者卫生间门樘板下口止水条标高低于室内水平大约10mm。厨房或者卫生间门樘板下口做止水条，止水条下需要进行凿毛套浆处理，并且与地面统一做防水处理。为了避免门套受潮发霉，门套、门套线采用安装在门槛石上的方式，门套线根部留大约3mm宽的缝，并且使用与门套线同色系耐候胶处理。

12.17 厨房瓷砖、不锈钢交接节点处理

节点示意图 厨房瓷砖、不锈钢交接节点处理细部节点示意图，如图12-17所示。

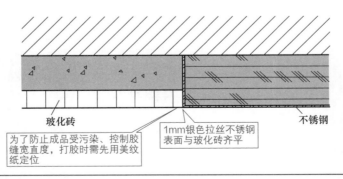

图12-17 厨房瓷砖、不锈钢交接节点处理

做法总结 厨房瓷砖与不锈钢交接位置，应预留伸缩缝，并且采用与瓷砖同色系的耐候胶进行填缝处理。

12.18 厨房、卫生间墙面贴砖节点处理

节点示意图 厨房、卫生间墙面贴砖节点处理细部节点示意图，如图 12-18 所示。

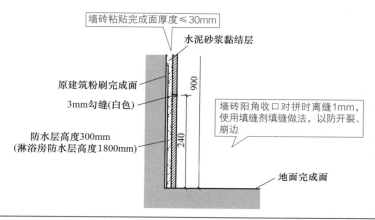

图 12-18 厨房、卫生间墙面贴砖节点处理

做法总结 厨房、卫生间墙面贴砖节点处理时，墙砖阳角收口，采用 45°拼接对角处理（角度稍小于 45°，有利于拼接）。

12.19 水地暖进厨房、卫生间节点处理

节点示意图 水地暖进厨房、卫生间节点处理细部节点示意图，如图 12-19 所示。

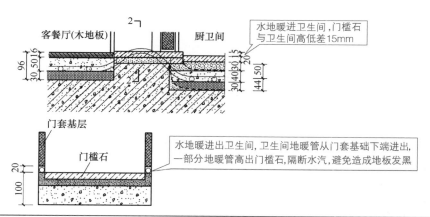

图 12-19 水地暖进厨房、卫生间节点处理

做法总结 找平后，对于潮湿区域，应在找平层上部再做一遍防水。地暖施工完成区域地面，不得开槽、不得打孔、不得有尖锐物体穿透。地暖系统布置在用水房间时，地漏、管根、阴阳角等易发生漏水的部位，要进行密封或加强处理。

12.20 门口玄关位置地板平扣处理

节点示意图 门口玄关位置地板平扣处理细部节点示意图，如图 12-20 所示。

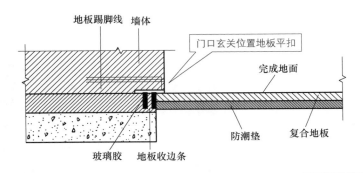

图 12-20　门口玄关位置地板平扣处理

做法总结 门口玄关位置地板平扣处理，可以采用收边条与玻璃胶进行收口。

12.21 卧室天花节点处理

节点示意图 卧室天花节点处理细部节点示意图，如图 12-21 所示。

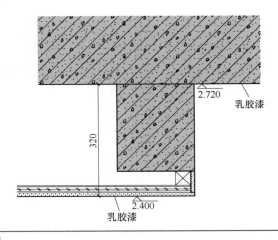

图 12-21　卧室天花节点处理

📑 做法总结 卧室天花节点，细木工板基层要进行防火处理。

12.22 卧室窗帘盒节点处理

⟶ 节点示意图 卧室窗帘盒节点处理细部节点示意图，如图 12-22 所示。

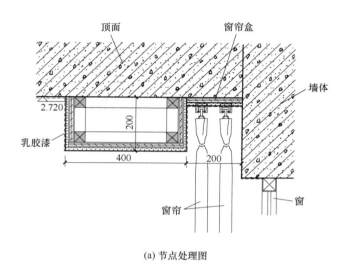

(a) 节点处理图

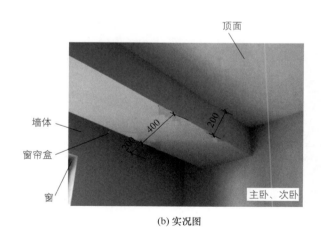

(b) 实况图

图 12-22 卧室窗帘盒节点处理

📑 做法总结 进行卧室窗帘盒节点处理时，为了防止开裂，窗帘箱外侧增加一层石膏板，石膏板与细木工板夹层满涂白胶。木基层需要进行防火处理。

12.23　儿童房卧室窗帘盒节点处理

节点示意图　儿童房卧室窗帘盒节点处理细部节点示意图，如图 12-23 所示。

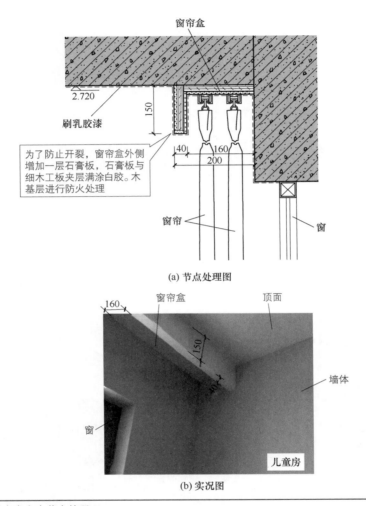

(a) 节点处理图

(b) 实况图

图 12-23　儿童房卧室窗帘盒节点处理

做法总结　儿童房卧室窗帘盒节点处理工序：定位→下料→龙骨安装→窗帘盒基架制作→安装固定→面贴石膏板。

12.24　客厅与阳台门槛石节点处理

节点示意图　客厅与阳台门槛石节点处理细部节点示意图，如图 12-24 所示。

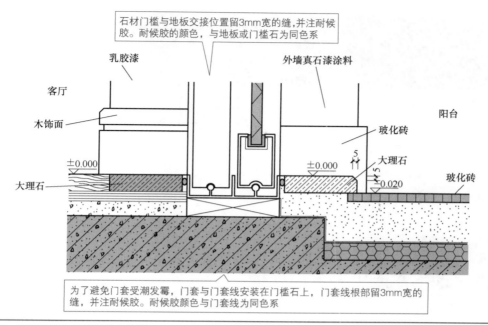

石材门槛与地板交接位置留3mm宽的缝,并注耐候胶。耐候胶的颜色,与地板或门槛石为同色系

乳胶漆

客厅

外墙真石漆涂料

阳台

木饰面

玻化砖

±0.000

±0.000

大理石

±0.000

大理石

玻化砖

-0.020

为了避免门套受潮发霉,门套与门套线安装在门槛石上,门套线根部留3mm宽的缝,并注耐候胶。耐候胶颜色与门套线为同色系

图 12-24　客厅与阳台门槛石节点处理

做法总结　　门楻板下口止水条标高低于室内水平大约 20mm,门槛石使用专用黏结剂铺贴。门楻板下口做止水条,止水条下需要凿毛套浆处理,并与地面做统一防水。

第13章

天窗、屋面与盖瓦

13.1 地下车库采光天窗处理

▶ 节点示意图　地下车库采光天窗处理细部节点示意图，如图 13-1 所示。

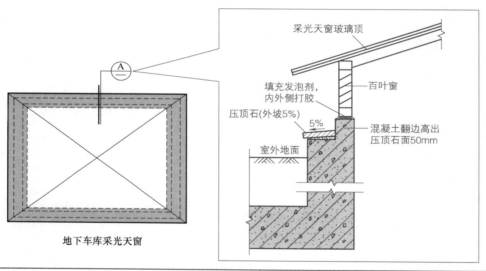

采光天窗玻璃顶

填充发泡剂，
内外侧打胶

压顶石(外坡5%)

室外地面

百叶窗

混凝土翻边高出
压顶石面50mm

5%

A

地下车库采光天窗

图 13-1　地下车库采光天窗处理

▤ 做法总结　地下车库使用采光天窗的目的，就是采用自然光线直接透过天窗，照明地下车库。进行地下车库采光天窗处理时，注意压顶石的外坡度、侧面百叶窗的内外打胶。

13.2 无保温平屋面处理

▶ 节点示意图　无保温平屋面处理细部节点示意图，如图 13-2 所示。

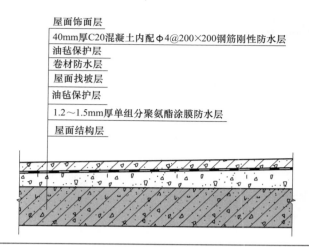

图 13-2　无保温平屋面处理

做法总结　无保温平屋面处理，要求基层结构混凝土面随捣随抹光，并且防水施工前将基层清理干净，涂膜防水厚度要一致，无起泡起皮，以及翻边高度需要达到要求等做法。

13.3　有保温平屋面处理

节点示意图　有保温平屋面处理细部节点示意图，如图 13-3 所示。

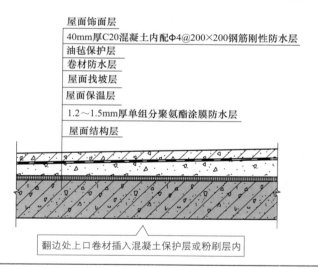

翻边处上口卷材插入混凝土保护层或粉刷层内

图 13-3　有保温平屋面处理

做法总结　进行有保温平屋面处理时，施工前要求卷材基层阴阳角做成 R50 圆角，并且达到防水层施工要求。卷材施工与基层黏结牢固，无起鼓。卷材搭接、翻边高度需要符合要求，翻边处上口卷材插入混凝土保护层或粉刷层内等。

13.4 坡屋面屋面瓦处理

→│ 节点示意图 坡屋面屋面瓦处理细部节点示意图，如图 13-4 所示。

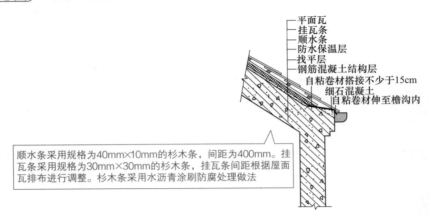

平面瓦
挂瓦条
顺水条
防水保温层
找平层
钢筋混凝土结构层
自粘卷材搭接不少于15cm
细石混凝土
自粘卷材伸至檐沟内

顺水条采用规格为40mm×10mm的杉木条，间距为400mm。挂瓦条采用规格为30mm×30mm的杉木条，挂瓦条间距根据屋面瓦排布进行调整。杉木条采用水沥青涂刷防腐处理做法

图 13-4 坡屋面屋面瓦处理

≡│ 做法总结 屋面混凝土结构层上，采用 30mm 厚 C20 细石混凝土找平层加 1：3 水泥砂浆随捣随抹，并且采用铁板压光，平整度不超过 1cm。坡屋面屋面瓦处理施工时，阴脊与阳脊、檐口与屋脊拉通线，以保证横平顺直等。

13.5 屋脊盖瓦处理

→│ 节点示意图 屋脊盖瓦处理细部节点示意图，如图 13-5 所示。

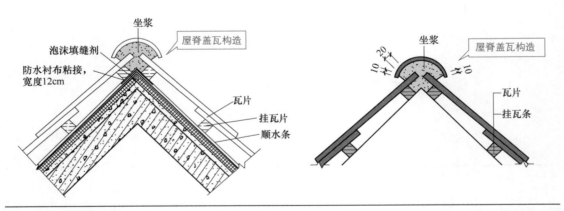

坐浆
泡沫填缝剂
防水衬布粘接，宽度12cm
屋脊盖瓦构造
瓦片
挂瓦片
顺水条

坐浆
屋脊盖瓦构造
瓦片
挂瓦条

图 13-5 屋脊盖瓦处理

≡│ 做法总结 屋面基层找平层平整度不超过 1cm。施工时，需要确保阴脊与阳脊、檐口与屋脊拉通线。屋面坡度 >35°时，顺水条宜采用局部膨胀螺栓固定。

13.6 阴脊盖瓦处理

→ 节点示意图 阴脊盖瓦处理细部节点示意图，如图 13-6 所示。

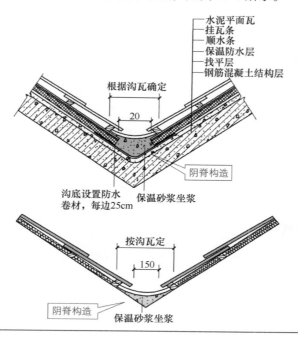

图 13-6　阴脊盖瓦处理

做法总结 平板瓦施工工序包括钢筋混凝土结构层、找平层、保温防水层、顺水条（嵌套保温板）、挂瓦条、水泥平板瓦等。顺水条宽 30mm，厚度根据保温板厚度来确定。若间距≤ 400mm，可以用水沥青涂刷防腐处理。保温板与基层面结合，可以用胶水掺水点粘。

13.7 坡屋面板缝的处理

→ 节点示意图 坡屋面板缝的处理细部节点示意图，如图 13-7 所示。

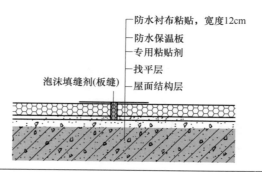

图 13-7　坡屋面板缝的处理

做法总结 坡屋面板缝的处理，可以采用泡沫填缝剂来进行。

13.8 筒瓦施工处理

节点示意图 筒瓦施工处理细部节点示意图，如图 13-8 所示。

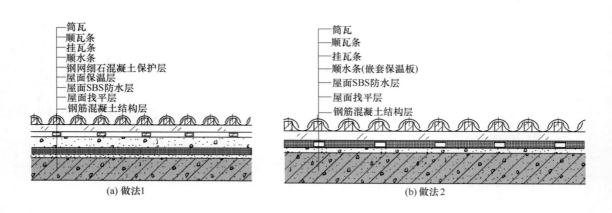

(a) 做法1

(b) 做法2

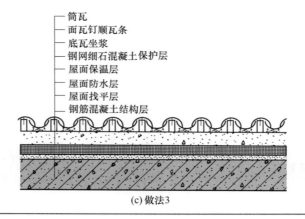

(c) 做法3

图 13-8 筒瓦施工处理

做法总结 筒瓦处理做法 1：钢筋混凝土结构层→屋面找平层→屋面 SBS 防水层→屋面保温层→钢网细石混凝土保护层→顺水条→挂瓦条→顺瓦条→筒瓦。

筒瓦处理做法 2：钢筋混凝土结构层→屋面找平层→屋面 SBS 防水层→顺水条（嵌套保温板）→挂瓦条→顺瓦条→筒瓦。

筒瓦处理做法 3：钢筋混凝土结构层→屋面找平层→屋面 SBS 防水层→屋面保温层→钢网细石混凝土保护层→底瓦坐浆→面瓦钉顺瓦条→筒瓦。

防水层卷材铺贴从下而上竖向施工，卷材搭接符合要求，黏结牢固，无起鼓、无脱开现象。

13.9 屋面与墙体交界位置筒瓦的处理

节点示意图 屋面与墙体交界位置筒瓦的处理细部节点示意图，如图 13-9 所示。

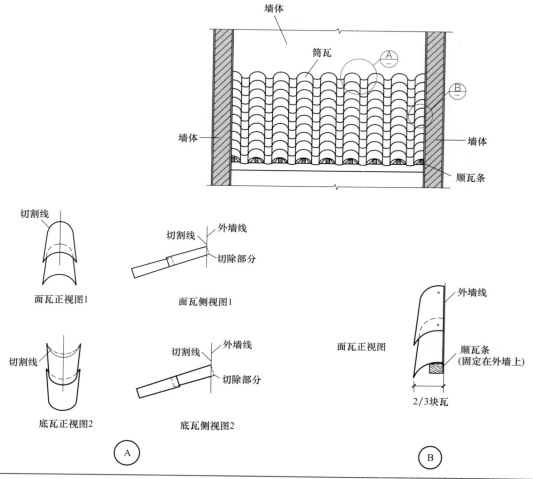

图 13-9 屋面与墙体交界位置筒瓦的处理

做法总结 进行屋面与墙体交界位置筒瓦的处理时，挂瓦条可以采用规格为 30mm×30mm 的杉木条，顺瓦条宽度大约为 30mm。对杉木条进行水沥青涂刷防腐处理。屋面坡度大于 35°时，顺水条采用局部膨胀螺钉固定等处理方式。

13.10 平板瓦施工处理

节点示意图 平板瓦施工处理细部节点示意图，如图 13-10 所示。

做法总结　平板瓦施工处理做法 1：钢筋混凝土结构层→找平层→ SBS 防水层→保温层→钢网细石混凝土保护层→顺水条→挂瓦条→水泥平板瓦。

平板瓦施工处理做法 2：钢筋混凝土结构层→找平层→ SBS 防水层→30mm 宽顺水条（嵌套保温板）→挂瓦条→水泥平板瓦。

平板瓦施工处理做法 3：钢筋混凝土结构层→找平层→ SBS 防水层→ 40mm×10mm 顺水条→挂瓦条→水泥平板瓦。

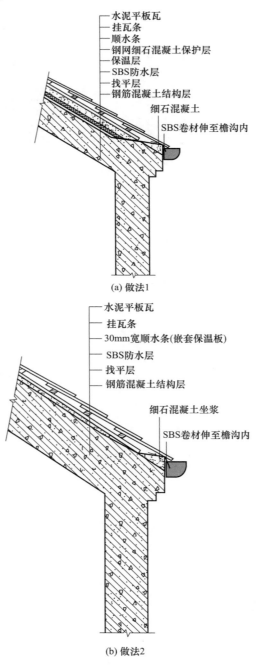

水泥平板瓦
挂瓦条
顺水条
钢网细石混凝土保护层
保温层
SBS防水层
找平层
钢筋混凝土结构层
细石混凝土
SBS卷材伸至檐沟内

(a) 做法1

水泥平板瓦
挂瓦条
30mm宽顺水条(嵌套保温板)
SBS防水层
找平层
钢筋混凝土结构层
细石混凝土坐浆
SBS卷材伸至檐沟内

(b) 做法2

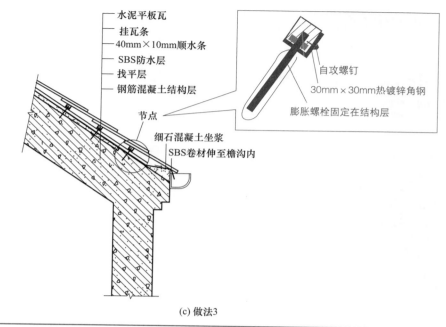

水泥平板瓦
挂瓦条
40mm×10mm顺水条
SBS防水层
找平层
钢筋混凝土结构层

节点

自攻螺钉
30mm×30mm热镀锌角钢
膨胀螺栓固定在结构层

细石混凝土坐浆
SBS卷材伸至檐沟内

(c) 做法3

图 13-10　平板瓦施工处理

13.11　油毡瓦的处理

节点示意图　油毡瓦的处理细部节点示意图，如图 13-11 所示。

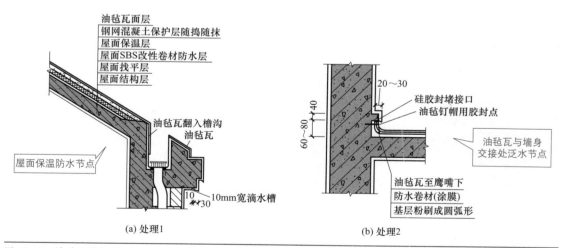

油毡瓦面层
钢网混凝土保护层随捣随抹
屋面保温层
屋面SBS改性卷材防水层
屋面找平层
屋面结构层

油毡瓦翻入檐沟
油毡瓦

屋面保温防水节点

10mm宽滴水槽

(a) 处理1

硅胶封堵接口
油毡瓦钉帽用胶封点

油毡瓦与墙身
交接处泛水节点

油毡瓦至鹰嘴下
防水卷材(涂膜)
基层粉刷成圆弧形

(b) 处理2

图 13-11　油毡瓦的处理

做法总结　油毡瓦屋面与凸出屋面部分交接处均应做泛水处理，可沿屋面坡度做通长挡水线，并在挡水线下做鹰嘴。

13.12 坡屋面檐口节点处理

→ 节点示意图 坡屋面檐口节点处理细部节点示意图，如图 13-12 所示。

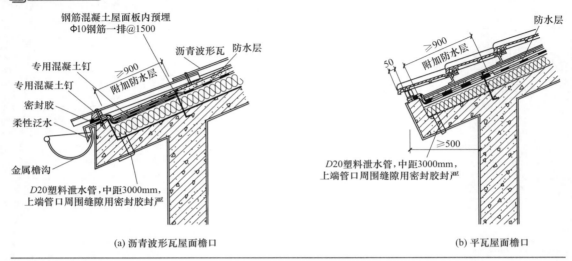

(a) 沥青波形瓦屋面檐口　　　　　　(b) 平瓦屋面檐口

图 13-12　坡屋面檐口节点处理

■ 做法总结　　坡屋面檐口节点处理，平瓦屋面檐口与沥青波形瓦屋面檐口均需要做防水层，泄水管上端管口周围均需要采用密封胶密封。

13.13 坡屋面屋脊节点处理

→ 节点示意图 坡屋面屋脊节点处理细部节点示意图，如图 13-13 所示。

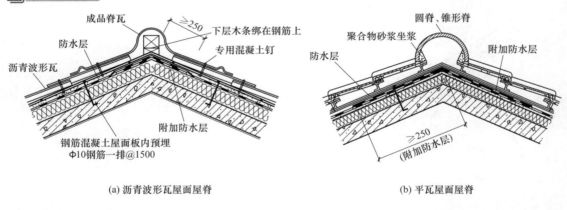

(a) 沥青波形瓦屋面屋脊　　　　　　(b) 平瓦屋面屋脊

图 13-13　坡屋面屋脊节点处理

■ 做法总结　　坡屋面屋脊节点处理，平瓦屋面屋脊与沥青波形瓦屋面屋脊均需要做防水层。

第 14 章

基础与室外

14.1　外墙变形缝装饰节点处理

▶️ **节点示意图**　外墙变形缝装饰节点处理细部节点示意图，如图 14-1 所示。

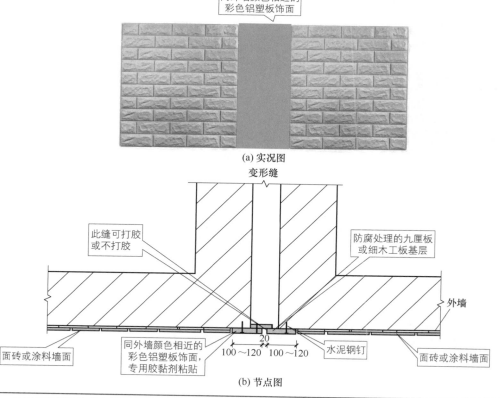

(a) 实况图

(b) 节点图

图 14-1　外墙变形缝装饰节点处理

📋 **做法总结**　　外墙变形缝装饰节点，有的采用铝塑板装饰，有的采用不锈钢板装饰。不锈钢板装饰可以采用膨胀螺栓固定工艺。

14.2　外墙乱贴石处理

→) 节点示意图　外墙乱贴石处理细部节点示意图，如图 14-2 所示。

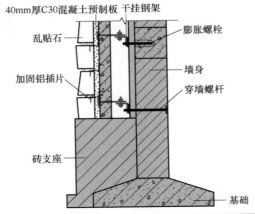

图 14-2　外墙乱贴石处理

做法总结　外墙乱贴石处理主要施工要点包括基层处理、粘贴面砖、面砖排列、嵌缝黏合剂、面砖清洁等。

14.3　外墙文化石处理

→) 节点示意图　外墙文化石处理细部节点示意图，如图 14-3 所示。

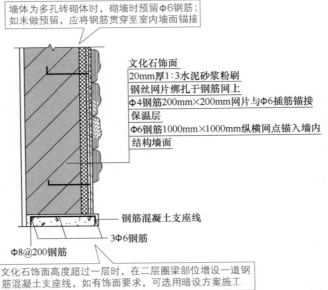

图 14-3　外墙文化石处理

做法总结 外墙文化石处理工序，首先清除墙面杂物，清理异物。清洁完后，将墙面浇湿。如果墙面比较光滑，则要在墙面挂上铁丝网。再将水泥、黄砂、水按 1：2：1 比例调制，然后粘贴文化石。目前，推荐采用专用文化石粘贴胶粘贴。

14.4　硬基础与回填土上基础接口节点处理

节点示意图 硬基础与回填土上基础接口节点处理细部节点示意图，如图 14-4 所示。

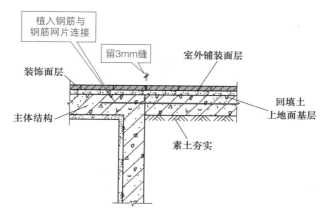

图 14-4　硬基础与回填土上基础接口节点处理

做法总结 硬基础与回填土上基础接口节点，主要是植入钢筋与钢筋网片连接工序不能够省去。

14.5　硬基础与台阶回填土上基础接口节点处理

节点示意图 硬基础与台阶回填土上基础接口节点处理细部节点示意图，如图 14-5 所示。

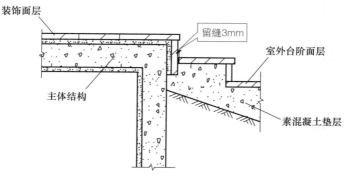

图 14-5　硬基础与台阶回填土上基础接口节点处理

做法总结 进行硬基础与台阶回填土上基础接口节点处理时，一定要确定台阶的标高以及垫层的压实度。

14.6 水景池侧面墙壁与地面铺装接口节点处理

节点示意图 水景池侧面墙壁与地面铺装接口节点处理细部节点示意图，如图 14-6 所示。

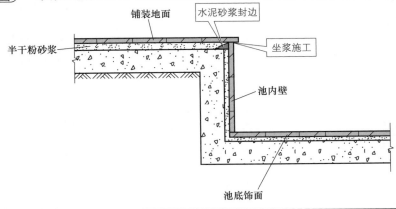

图 14-6 水景池侧面墙壁与地面铺装接口节点处理

做法总结 水景池侧面墙壁与地面铺装接口节点，可以采用水泥砂浆封边、坐浆施工等工艺。

14.7 屋顶泳池节点处理

节点示意图 屋顶泳池节点处理细部节点示意图，如图 14-7 所示。

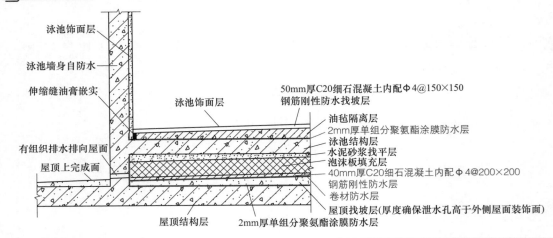

图 14-7 屋顶泳池节点处理

做法总结 对于屋顶泳池节点，需要对管根、阴阳角、立管处、地漏等区域做防水堵漏处理，即可以先做一层防水涂料施工，再采用一层防水剂多堵漏处理，然后做一层面层防水涂料层。细节区域附加层干固后，要进行大面积薄涂多层以达到施工要求的厚度，一般涂刷 3 遍。等上一层涂膜完全干固后，才能够做下一层防水层，并且上下防水层采用垂直交叉方式来涂刷。

14.8　室外泳池防水节点处理

节点示意图 室外泳池防水节点处理细部节点示意图，如图 14-8 所示。

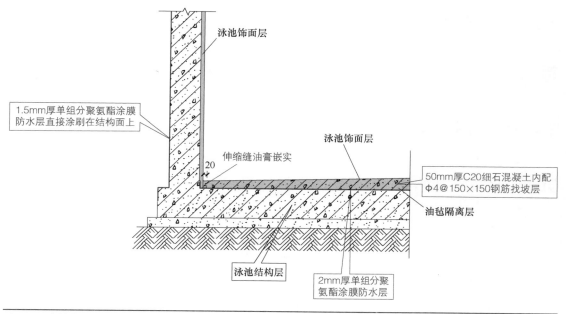

图 14-8　室外泳池防水节点处理

做法总结 泳池内阴阳角，用防水抗裂砂浆做成圆弧以便于卷材的施工。室外泳池防水的施工方法如下。

① 涂膜防水：即用防水涂料在泳池内涂刷进行防水。
② 卷材防水：即用防水卷材与配套的胶黏剂在泳池内壁、池底满铺 2～3 层，再在表面贴砖。
③ 硬防水：即整个泳池用防水混凝土浇筑。

14.9　室外木地板节点处理

节点示意图 室外木地板节点处理细部节点示意图，如图 14-9 所示。

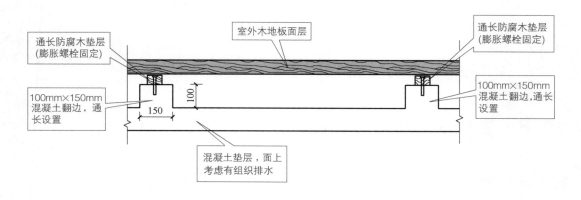

图 14-9 室外木地板节点处理

📑 做法总结   对于室外木地板，可以采用防腐木垫层与膨胀螺栓来固定室外木地板面层。

14.10   景墙座凳节点处理

⇥ 节点示意图   景墙座凳节点处理细部节点示意图，如图 14-10 所示。

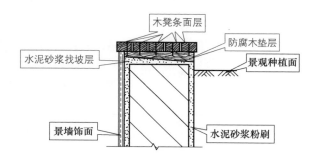

图 14-10   景墙座凳节点处理

📑 做法总结   进行景墙座凳节点处理时，注意水泥砂浆找坡、防腐木垫层安装、木凳条面层的固定等环节。

14.11   无底框外开进户门节点处理

⇥ 节点示意图   无底框外开进户门节点处理细部节点示意图，如图 14-11 所示。

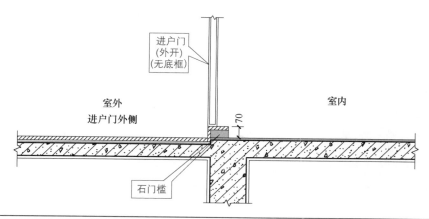

图 14-11 无底框外开进户门节点处理

做法总结 进行无底框外开进户门节点处理时，需要采用石门槛。

14.12 有底框外开进户门节点处理

节点示意图 有底框外开进户门节点处理细部节点示意图，如图 14-12 所示。

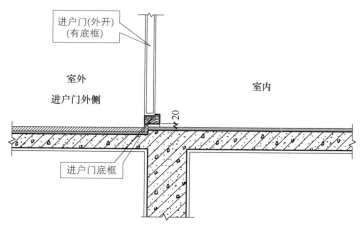

图 14-12 有底框外开进户门节点处理

做法总结 进行有底框外开进户门节点处理时，可以不采用石门槛。进户门底框要有一定的高度。

14.13 无底框内开进户门节点处理

节点示意图 无底框内开进户门节点处理细部节点示意图，如图 14-13 所示。

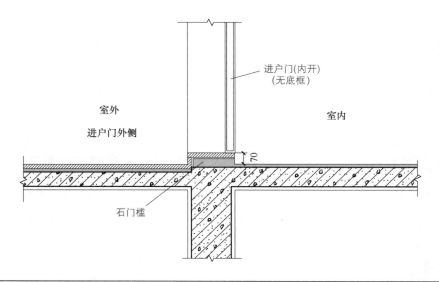

图 14-13　无底框内开进户门节点处理

做法总结　　进行无底框内开进户门节点处理时，需要注意门是往室内开的。因此，无底框内开进户门应靠室内石门槛安装。

14.14　有底框内开进户门节点处理

节点示意图　　有底框内开进户门节点处理细部节点示意图，如图 14-14 所示。

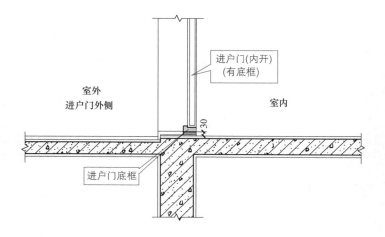

图 14-14　有底框内开进户门节点处理

做法总结　　进行有底框内开进户门节点处理时，需要注意门是往室内开的。因此，有底框内开进户门应靠室内石门槛安装。

14.15 地下车库地坪伸缩缝节点处理

→ 节点示意图
  地下车库地坪伸缩缝节点处理细部节点示意图，如图 14-15 所示。

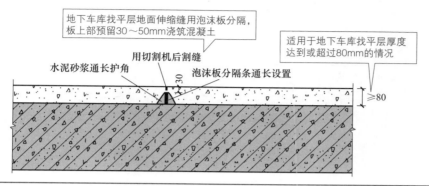

图 14-15 地下车库地坪伸缩缝节点处理

做法总结 对于地下车库地坪伸缩缝节点，可以采用泡沫板分隔条与水泥砂浆护角形式处理。

14.16 室外回填土高出室内地面防水节点处理

→ 节点示意图 室外回填土高出室内地面防水节点处理细部节点示意图，如图 14-16 所示。

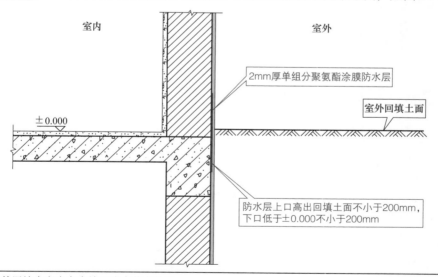

图 14-16 室外回填土高出室内地面防水节点处理

做法总结 室外回填土高出室内地面防水，可以在室外回填土面上下分别涂刷大约大于 200mm 的防水层。

14.17 室外木地板节点处理

▶ 节点示意图 室外木地板节点处理细部节点示意图，如图 14-17 所示。

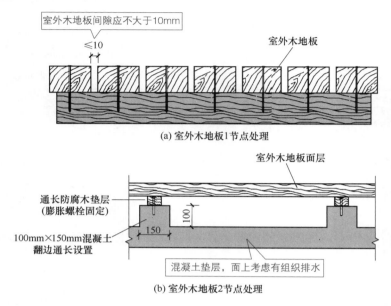

图 14-17 室外木地板节点处理

▣ 做法总结 室外采用分块木地板节点时，一般要求木地板分块间的缝隙小于 10mm。

14.18 停车场植草砖处理

▶ 节点示意图 停车场植草砖处理细部节点示意图，如图 14-18 所示。

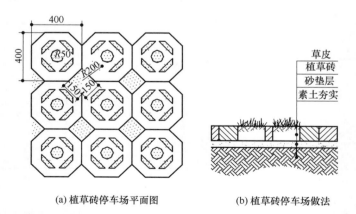

图 14-18 停车场植草砖处理

📑 做法总结   铺设植草砖前，必须先在支撑层上铺设一层厚 2 ～ 3cm 的沙 / 砂混合物。植草砖可以排成一排，也可以梯形排列。

14.19 室外木到鹅卵石接口节点处理

➡️ 节点示意图   室外木到鹅卵石接口节点处理细部节点示意图，如图 14-19 所示。

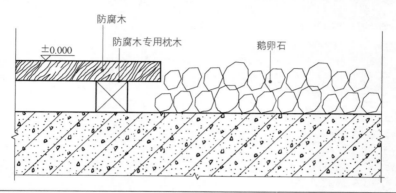

图 14-19 室外木到鹅卵石接口节点处理

📑 做法总结   鹅卵石除了与防腐木铺成一格一格的形式外，也可以铺在防腐木的底部。高架式干铺，其实就是把防腐木架高来铺，不用水泥也不用胶的一种形式。

第 ② 篇

快速掌握装饰装修——整体做法

第 15 章

15 整体做法

15.1 整体构思与整体处理

节点示意图　整体构思与整体处理示意图，如图 15-1 所示。

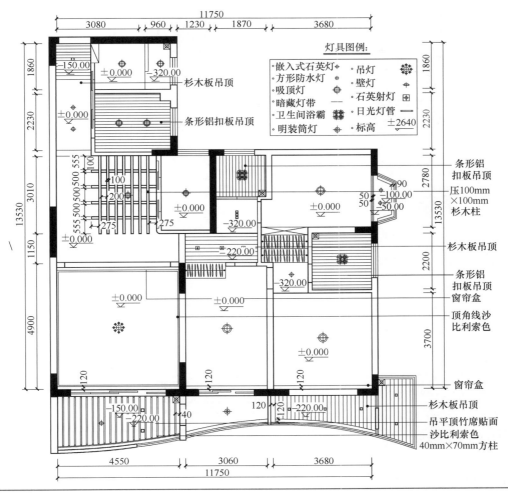

图 15-1 整体构思与整体处理

做法总结　装修前，需要整体上提前构思，得出一个基本框架，然后在此基础上进行具体落实。例如吊顶、灯具、家具、洁具等的用材、样式、工艺、位置、搭配、摆放等。整体构思，包括整体做法。整体做法，包括全屋整体做法、每间房间整体做法、每个装修面的整体做法，也就是包括全部整体做法、局部整体做法。

15.2　房间方正度处理

节点示意图　房间方正度处理示意图，如图 15-2 所示。

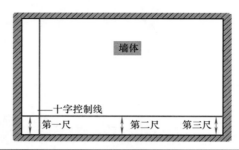

图 15-2　房间方正度处理

做法总结　房间方正度处理：选用同一房间内同一垂直面的墙面与房间方正度控制线间距离的偏差，作为实测指标。厨房、卫生间的合格标准为 0 ~ 5mm，卧室、客厅的合格标准为 0 ~ 10mm。

15.3　天花极差检测处理

节点示意图　天花极差检测处理示意图，如图 15-3 所示。

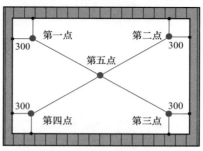

图 15-3　天花极差检测处理

做法总结　天花极差检测处理：分别测量天花与水平基准线间的 5 个垂直距离。以最低点为基准点，计算另外四点与最低点间的偏差。装修合格要求为 0 ~ 10mm。天花极差超过 10mm，但是未超过 20mm。偏差大的处理措施，可以采用打磨机打磨 5mm，保证极差在 10mm 内，也可以局部刮聚合物砂浆，保证极差在 10mm 内。天花极差超过 20mm，未超过 35mm。偏差大的处理措施，可以采用打磨机打磨 10mm，然后局部刮聚合物砂浆，保证极差在 10mm 内。

15.4 整体装修风格

装修首先应确定整体风格。常见的整体装修风格见表 15-1。

表 15-1 常见的整体装修风格

名称	解释
现代简约风格	（1）现代简约风格以体现时代特征为主，无过多的装饰，一切从功能出发，讲究造型比例适度，强调内部空间的明快、简洁 （2）现代简约风格室内色彩总体以中性色系为主，也有选用深蓝、大红、苹果绿、纯黄等高纯度及黑、白强对比度的色彩，以增强空间跳跃感，使得整体空间开敞、内外通透 （3）现代简约风格空间设计过程中，注重不受承重墙限制的自由，以强调功能性的设计 （4）现代简约风格家具则更多采用直线条等简单明快的造型
新中式风格	（1）新中式风格是以彰显稳重的深色、成熟浓重的色彩（例如黑、红、褐、灰等）为室内主体色调 （2）新中式风格装饰上，可以选取屏风、剪纸、木雕、花格窗、字画等中国特有的民俗文化品 （3）新中式风格材质方面主要以天然木材、瓷器、石材等突显中国传统文化特质，以及融合现代装饰手法 （4）新中式风格整个居室空间讲究"回"字形的运用
恬淡田园风格	（1）恬淡田园风格室内主打清淡的色系，多采用白色橡木、仿古做旧原木等，以强调休闲舒适、回归自然的特点 （2）恬淡田园风格的居室整体呈现出清新、简朴的感觉 （3）恬淡田园风格，常采用藤竹制品、绿色盆栽等把居住空间变为绿色空间
欧式古典风格	（1）欧式古典风格以淡色、白色系为主，配有金色点缀 （2）欧式古典风格天花多用装饰性石膏工艺装饰、珠光宝气的油画来丰富空间，讲究顶、地、墙全空间的线条应用以及色彩全空间的穿插 （3）欧式古典风格最适合大户型房屋。如果空间太小，会无法展现其风格气势，存在压迫感 （4）欧式古典风格材质上大多以纯实木、真皮为主，强调王朝复古、雍容华贵感 （5）欧式古典风格多用带有图案的地毯、窗帘、壁纸、床罩、帐幔、古典式装饰画或物件
现代欧式风格	（1）现代欧式风格以深胡桃、白色原木色等中性色系、纯色运用较多 （2）现代欧式风格具有简洁典雅、不乏高贵实用的特点 （3）现代欧式风格装饰上可以采用白色或者色调比较跳跃的靠垫配淡色系家具 （4）现代欧式风格总体遵循一种流行的折中风格，既具有现代气息，又具有复古味 （5）现代欧式风格追求空间线条清晰，比较重视形式构图方面的美感，多以对称、重复组合等手法营造一种规整宏大的结构感
地中海风格	（1）地中海风格居室环境从色调上多以艳丽的纯色大面积使用 （2）地中海风格材质以原木为主，原木刷清漆、亚光手工砖加糙面处理 （3）蓝与白是地中海经典的颜色搭配 （4）藤类植物是常见的家居植物，同时配以小巧的绿色盆栽 （5）地中海风格充分利用每一寸空间，集装饰与应用于一体 （6）地中海风格整体空间善用拱形和弧形元素、墙地砖的细节拼花处理，总体营造出返璞归真感

名称	解释
时尚混搭风格	（1）时尚混搭风格既趋于现代实用，又吸取传统的特征 （2）时尚混搭风格是工薪阶层的年轻人最中意的一种装修风格
欧式风格	（1）欧式风格泛指欧洲特有的风格，是指具有欧式传统艺术文化特色的风格 （2）欧式风格分为地中海风格、巴洛克风格、洛可可风格、美式风格等 （3）欧式风格壁炉 ——室内靠墙砌的生火取暖的设备 （4）欧式风格拱与拱券—— 门、门洞、窗常用的形式 （5）欧式风格挂镜线 ——固定在室内四周墙面上部的水平木条，用于悬挂镜框或画幅等 （6）欧式风格开放式厨房——是根据欧洲人的生活习惯决定的 （7）欧式风格梁托——梁与柱或墙的交界处常用的构件 （8）欧式风格罗马柱 ——多立克柱式、爱奥尼克柱式、科林斯柱式等 （9）欧式风格腰线—— 建筑墙面上中部的水平横线，起装饰作用 （10）欧式风格阴角线 ——墙面与天花的交界线
巴洛克风格	（1）巴洛克风格强调力度、变化、动感，强调建筑绘画与雕塑，以及室内环境等的综合性 （2）巴洛克风格突出夸张、浪漫、激情、非理性、幻觉、幻想等特点 （3）巴洛克风格打破均衡、平面多变 （4）巴洛克风格具有豪华、强烈的综合性，浓烈的宗教色彩，大量使用装饰品等特点
田园风格	（1）田园风格是以田地、园圃特有的自然特征为形式手段，能够表现出带有一定程度农村生活、乡间艺术特色，表现出自然闲适的风格 （2）田园风格分为中式田园风格、美式乡村风格、法式田园风格、英式田园风格等
东南亚风格	（1）东南亚风格是一种结合东南亚民族岛屿特色、东南亚民族文化品位相结合的风格 （2）东南亚风格是居住与休闲相结合的概念，广泛运用木材与其他天然原材料的家具，局部采用一些金色的壁纸、丝绸质感的布料 （3）东南亚风格传达既可以悠闲自在，也可以奢华的现代感
港式装修风格	港式装修风格多以金属色、线条感营造金碧辉煌的豪华感，简洁而不失时尚
古典装修风格	古典装修风格是以欧式或中式传统为基础的构想，具有华丽、宁静优雅等特点
韩式装修风格	韩式装修风格是取百家之长，多采用的材料是原木，供暖多为地热方式
豪华装修风格	豪华装修风格具有整体体现生活品质、细节体现豪华等特点
后现代装修风格	后现代装修风格主张兼容并蓄，凡能够满足当今居住生活所需的都加以采用等特点
简约装修风格	简约装修风格具有精心分类、合理地减少，使自己从杂乱的禁闭中解脱出来等特点
美式装修风格	美式装修风格的特点，就是文化与历史的包容性，以及空间的深度享受
墨西哥装修风格	墨西哥装修风格具有粗犷洒脱、浓郁异国风格、和谐安宁、质朴的特点
前卫装修风格	前卫装修风格具有彰显个性、不受约束为主题风格等特点
日式装修风格	日式装修风格多以浓郁的日本文化为特色，具有线条清晰、布置优雅、木格拉门、地台等特征
温馨装修风格	温馨装修风格具有表现家的温暖与惬意，色彩淡雅清新等特点
现代装修风格	现代装修风格具有外形简洁、功能强、强调室内空间形态等特点
意大利装修风格	意大利装修风格是美丽、诱惑、和谐、耀眼的总和，对生活有相当积极的影响
中式装修风格	中式装修风格是通过对传统文化的认识，将现代元素与传统元素结合在一起

15.5 整体空间与色彩的搭配

整体空间与色彩的搭配，见表 15-2。

表 15-2　整体空间与色彩的搭配

项目	解释
空间与色彩的搭配概述	（1）空间色彩的组合与搭配，直接关系到居住人的修养、性格、喜好等 （2）把握空间色彩的协调统一，营造一种宽敞、舒适温馨、和谐统一的格调
空间与色彩的搭配特点	（1）搭配颜色时，要考虑到自然光与灯光照明有一定的视觉差 （2）尽可能不要在同一个空间内时同时使用三种颜色 （3）居室的整个空间上半部分的颜色要浅于下半部分 （4）墙面的颜色要浅于地面 （5）如果室内的自然采光不够充足，应尽量避免采用深色调 （6）色彩的应用与家具、电器的颜色要相互协调 （7）天花板的颜色要浅于墙面

15.6 装修控制放线

装修控制放线，见表 15-3。

表 15-3　装修控制放线

项目	解释
第一步放线	（1）第一步放线有平面图控制线、轴线、地面 ±0.00 水平线、完成面控制线、机电标高线、1m 水平线 （2）改造户型以未拆除的墙体作为控制线复核轴线。如果存在误差，则重新弹轴线，并且以走廊地面地砖完成面为正负零引到室内在墙面弹出 1m 水平线，以及同时弹出顶面完成面线、机电控制线
第二步放线	（1）第二步放线有墙体定位线、瓦工粉刷完成面线、油工粉刷完成面线、装饰板饰面完成面线 （2）对于墙体定位线，根据图纸在地面弹出墙体线，注意图纸门洞尺寸为基层完成面尺寸，制作构造柱、安装模板时需要根据门套处理预留尺寸 （3）图纸中标注的需要控制尺寸的位置，要严格控制粉刷层厚度 （4）抹灰时，根据粉刷完成面，测量土建墙面平整度和方正度是否满足粉刷完成面的要求
第三步放线	（1）根据草测线的结果，供深化局部调整平面图后的放造型线参考 （2）走道墙面以原墙面作为标准，新建墙体进行顺延 （3）造型完成面的确定，以及对模棱两可不确定的造型留活口，不影响大面积施工
第四步放线	第四步放线为墙面找平、地面找平。顶面造型所覆盖的线，需要重新复线
机电管线敷设放线	（1）根据图纸放线确定线盒、出水口位置，并且弹出墙面开槽尺寸 （2）顶面电线管，先弹线、后敷设 （3）地面排布，需要控制好管距。若条件允许，尽量沿墙根布管

15.7　确定全屋整体 1m 水平基准线

扫码看视频

确定全屋整体 1m
水平基准线

→ 节点示意图　确定全屋整体 1m 水平基准线示意图，如图 15-4 所示。

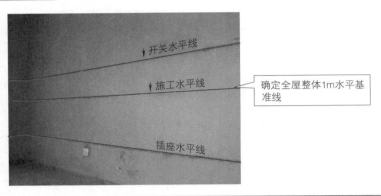

图 15-4　确定全屋整体 1m 水平基准线

做法总结　为了使装修达到整体效果，装修前先确定整体线，其中包括确定全屋整体 1m 水平基准线。全屋整体 1m 水平基准线，可以通过红外线查找房屋室内最高点以确定正负零位置，以此垂直上返 1.05m（5cm 为铺砖后的完成面高度，可视具体情况进行调整，同时检查防盗门高度是否受影响），确定整体 1m 水平基准线高度后，可以用红外线仪器发射的红外线定位，然后在定位的红外线上用墨线弹定，这样拿掉红外线仪器后、全屋就有整体 1m 水平基准墨线。

15.8　确定全屋整体开关、插座控制线

→ 节点示意图　确定全屋整体开关、插座控制线示意图，如图 15-5 所示。

图 15-5　确定全屋整体开关、插座控制线

做法总结　确定全屋整体开关、插座控制线，也就是开关控制线为 1.4m，插座控制线为 0.3m。全屋整体开关、插座控制线，根据全屋整体 1m 水平基准线向上或者向下平移进行确定即可。可见，确定全屋整体 1m 水平基准线对于全屋整体的控制要求很重要。

15.9　确定全屋整体顶面（吊顶、石膏线）完成面线

节点示意图　确定全屋整体顶面（吊顶、石膏线）完成面线示意图，如图 15-6 所示。

图 15-6　确定全屋整体顶面（吊顶、石膏线）完成面线

做法总结　根据全屋整体 1m 水平基准线与设计、施工要求，确定平顶或者周边天花吊顶的完成面水平线。对于周边吊顶，需要在天花顶面上弹出周边天花侧立板位置基准线、灯槽位基准线。

15.10　确定全屋整体地面完成面线

节点示意图　确定全屋整体地面完成面线示意图，如图 15-7 所示。

图 15-7　确定全屋整体地面完成面线

做法总结　确定全屋整体地面完成面线，包括瓷砖地面、木地板地面以及地面交界尺寸，从而从整体上把握全屋整体地面完成面的特点与要求。

15.11　确定全屋整体地脚线完成面高度线

节点示意图　确定全屋整体地脚线完成面高度线示意图，如图 15-8 所示。

图 15-8　确定全屋整体地脚线完成面高度线

■| 做法总结 ）　确定全屋整体地脚线完成面高度线，也就是确保地脚线高度全屋整体一致。

15.12　确定全屋墙壁整体的平整度、垂直度与阴阳角位方正

▶| 节点示意图 ）　确定全屋墙壁整体的平整度、垂直度与阴阳角位方正示意图，如图 15-9 所示。

项目	允许偏差 / mm		检验方法
	普通抹灰	高级抹灰	
立面垂直度	4	3	用2m垂直检查尺检查
表面平整度	4	3	用2m靠尺和塞尺检查
阴阳角方正	4	3	用直角检测尺检查
分格条(缝)直线度	4	3	拉5m线，不足5m拉通线
墙裙、勒脚上口直线度	4	3	拉5m线，不足5m拉通线

图 15-9　确定全屋墙壁整体的平整度、垂直度与阴阳角位方正

■| 做法总结 ）　确定全屋墙壁整体的平整度、垂直度，有利于墙壁后续的装修施工，尤其是需要铺贴瓷砖的墙壁，以及具有水电节点的墙壁后期的装修施工。确定全屋房间墙壁阴阳角位方正性，并且放线，以保证施工后全屋的阴阳角位方正。

15.13　确定全屋门洞尺寸线

▶| 节点示意图 ）　确定全屋门洞尺寸线示意图，如图 15-10 所示。

图 15-10　确定全屋门洞尺寸线

━┃做法总结　提前将标准的门洞尺寸在施工现场内体现，便于后续进行门洞修整等，以及保持全屋门洞的统一与协调。

15.14　确定全屋平面图中大型家具的粗轮廓线

━▶┃节点示意图　确定全屋平面图中大型家具的粗轮廓线示意图，如图 15-11 所示。

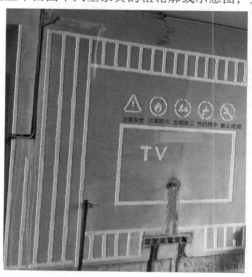

图 15-11　确定全屋平面图中大型家具的粗轮廓线

━┃做法总结　确定全屋平面图中大型家具的粗轮廓线，也就是根据平面布置图和家具尺寸，将相应的尺寸通过放线在施工工地中体现。这样，以便掌握家具尺寸是否合理、空间布局是否有冲突以及相关施工是否符合整体要求。

15.15 确定全屋瓷砖铺贴完成线

节点示意图 确定全屋瓷砖铺贴完成线示意图，如图 15-12 所示。

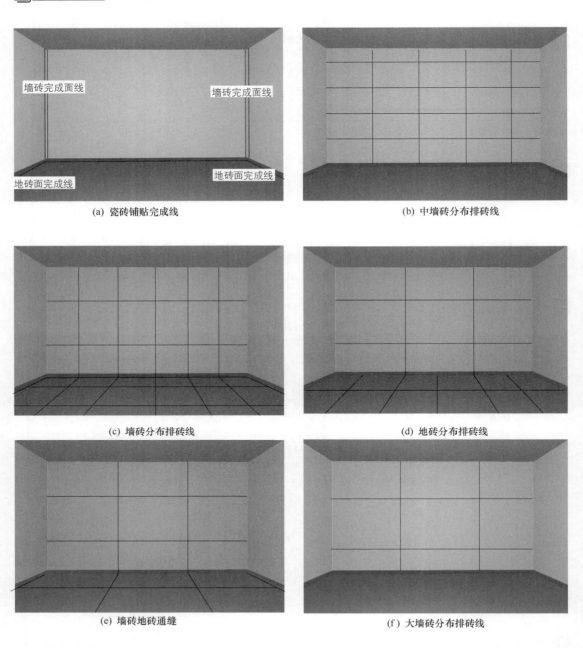

(a) 瓷砖铺贴完成线

(b) 中墙砖分布排砖线

(c) 墙砖分布排砖线

(d) 地砖分布排砖线

(e) 墙砖地砖通缝

(f) 大墙砖分布排砖线

图 15-12 确定全屋瓷砖铺贴完成线

做法总结 确定全屋瓷砖铺贴完成线，包括墙壁的墙砖完成面线、地砖面完成线、地砖坡度线、墙砖分布排砖线、地砖分布排砖线等，从而从整体上把握全屋瓷砖铺贴完成情况与要求。

15.16 石材拼花

节点示意图 石材拼花示意图，如图 15-13 所示。

1200mm×1800mm

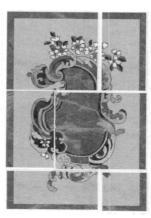
分件组合1

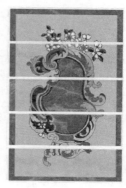
分件组合2

图 15-13 石材拼花

做法总结 石材拼花，需要在整体上把握拼花的图案特点，然后根据整体效果进行拼花。有的石材拼花，有不同的方式（分件组合）。

15.17 轻钢龙骨隔墙整体处理

节点示意图 轻钢龙骨隔墙整体处理示意图，如图 15-14 所示。

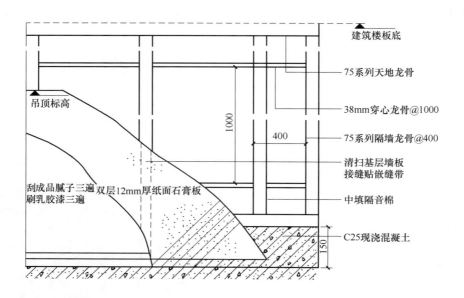

图 15-14　轻钢龙骨隔墙整体处理

做法总结　对于轻钢龙骨隔墙整体做法，需要掌握从上到下、从左到右、从里到外的结构与组成，以及施工后的整体效果。

15.18　轻质隔墙整体处理

节点示意图　轻质隔墙整体处理示意图，如图 15-15 所示。

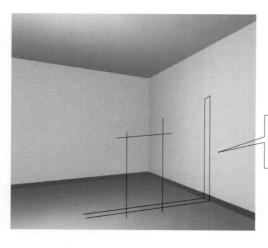

轻质隔墙施工放线，包括墙体平面定位线、龙骨定位线、墙体标高线、门窗洞口定位线和各类末端定位线等放线

图 15-15　轻质隔墙整体处理

做法总结 做轻质隔墙时，需要从整体上把握，例如轻质的结构与排布，以及通过相关放线控制整体要求。进行轻质隔墙处理时，龙骨排列定位可以根据墙板的模数合理进行，以便于墙板的整体安装；墙体标高定位线的放线，宜采用拉通线形式，以便于轻质隔墙的整体处理。

15.19　吊顶整体处理

节点示意图 吊顶整体处理示意图，如图 15-16 所示。

吊顶施工放线，包括平面中心线、标高定位线、造型定位线、轮廓定形线、各类末端点位线、龙骨定位线等放线，并应满足定位、定形的要求

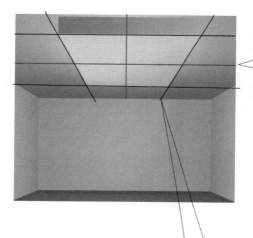

吊顶平面中心线的测设应符合以下要求：
吊顶平面中心线应由轴线或控制网引测；
吊顶平面中心线的布设位置宜与地面中心线一致；
吊顶平面中心线应布设成十字垂直线形式，直线端点应引测至墙面标定

吊顶造型定位线的测设应符合以下要求：
吊顶造型定位线应包括中心线、轮廓定形线的放线；
宜以造型的中心线作为造型定位控制线，造型中心线可由吊顶平面中心线引测；
造型轮廓定形线宜以造型中心线为控制线，放样应满足设计的要求；
宜先在地面进行放样，再将放样点位投测于顶板放线

图 15-16　吊顶整体处理

做法总结 对于吊顶，不仅要考虑全屋吊顶，还要考虑每一个吊顶的整体处理，每一个吊顶的结构特点、完成面形状等要素。为了控制每一个吊顶整体处理，可以采用施工放线来控制。吊顶处理时，需要注意地面、墙面的整体关联性与放线的引测性；从整体上，应将龙骨定位点位避开机电安装点位。另外，不同的吊顶，整体感相差很大。

15.20　地面面层铺设整体处理

→ 节点示意图　地面面层铺设整体处理示意图，如图 15-17 所示。

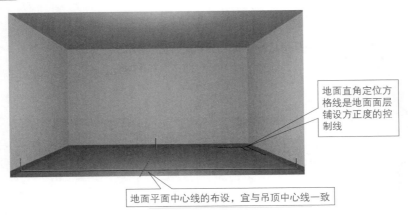

地面直角定位方格线是地面面层铺设方正度的控制线

地面平面中心线的布设，宜与吊顶中心线一致

图 15-17　地面面层铺设整体处理

做法总结　地面面层铺设，不仅要考虑全屋地面面层，还要考虑每一个空间地面面层的整体处理，每一个空间地面面层的结构特点、完成面形状、完成面标高等要素。

为了从整体上把握每一个空间地面面层的处理，可以采用放线控制。地面面层铺设施工放线，包括完成面定位线、直角定位方格线、平面中心线、地面拼图定位线、机电末端定位线等测设。

地面平面中心线宜标识在地面、墙面，可以采用弹墨线、拉通线相结合的形式。地面机电末端定位线的测设，宜以地面插座布置图作为测设依据。地面拼图定位线的测设，宜以地面排布图作为放线依据。

地面插座布置图，应是将设计安装在地面插座点位整体统一布设在地面施工放线图上，并经复核检验点位正确、合理可行，插座安装位置经确定的图纸。铺设具有图形的地面面层时，一定要从整体掌握图形的特征，并且根据图形的特征放线等处理，达到整体要求。

15.21　饰面板放线整体处理

→ 节点示意图　饰面板放线整体处理示意图，如图 15-18 所示。

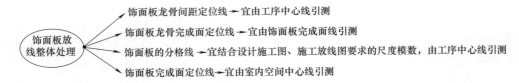

饰面板放线整体处理　
　饰面板龙骨间距定位线 → 宜由工序中心线引测
　饰面板龙骨完成面定位线 → 宜由饰面板完成面引测
　饰面板的分格线 → 宜结合设计施工图、施工放线图要求的尺度模数，由工序中心线引测
　饰面板完成面定位线 → 宜由室内空间中心线引测

图 15-18　饰面板放线整体处理

做法总结　进行饰面板处理时，不仅要考虑全屋的要求，而且要考虑饰面板处理的房间整体要求。为此，可以通过放线进行控制，例如龙骨定位线、完成面定位线、面板分格线定位线等。

15.22　墙面砖（石材）湿法整体处理

节点示意图　墙面砖（石材）湿法整体处理示意图，如图 15-19 所示。

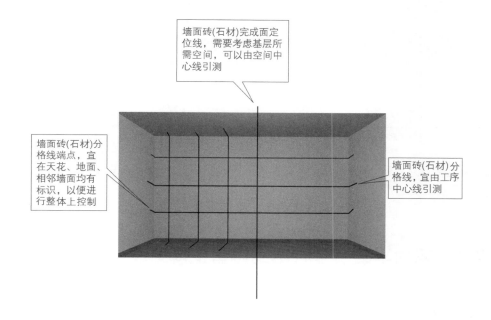

墙面砖(石材)完成面定位线，需要考虑基层所需空间，可以由空间中心线引测

墙面砖(石材)分格线端点，宜在天花、地面、相邻墙面均有标识，以便进行整体上控制

墙面砖(石材)分格线，宜由工序中心线引测

图 15-19　墙面砖（石材）湿法整体处理

做法总结　墙面砖（石材）处理，需要考虑全屋与每间房子的整体要求，以及每面墙壁的整体要求。为此，可以通过相关放线来达到控制目的。例如，完成面定位线、块材分格线、整体标高、整体对缝、缝大小的确定等，以及根据施工要求、整体特点采用弹墨线与拉通线相结合的形式。

15.23　蒸压加气混凝土砌块拉结处理

节点示意图　蒸压加气混凝土砌块拉结处理示意图，如图 15-20 所示。

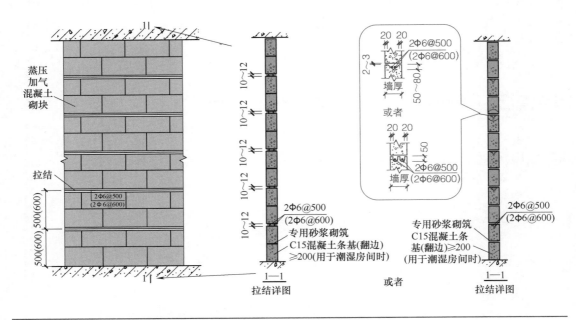

图 15-20　蒸压加气混凝土砌块拉结处理

📇 做法总结　蒸压加气混凝土砌块拉结处理，需要整体上掌握拉结钢筋的分布尺寸，一般可以通过识图来掌握。

15.24　墙内半硬质塑料电线导管整体处理

📇 节点示意图　墙内半硬质塑料电线导管整体处理示意图，如图 15-21 所示。

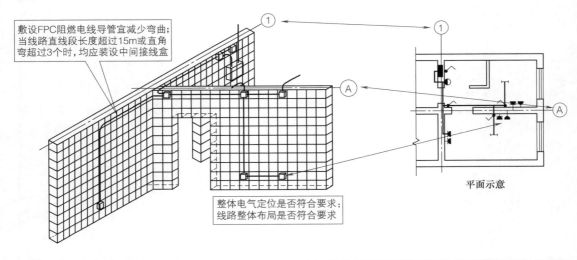

图 15-21　墙内半硬质塑料电线导管整体处理

做法总结 墙内半硬质塑料电线导管，不仅要求细节节点处理到位，而且需要考虑全屋的要求，以及每间房间各方面的整体要求、每面墙壁的整体要求等。

15.25 塑料槽盒安装整体处理

节点示意图 塑料槽盒安装整体处理示意图，如图 15-22 所示。

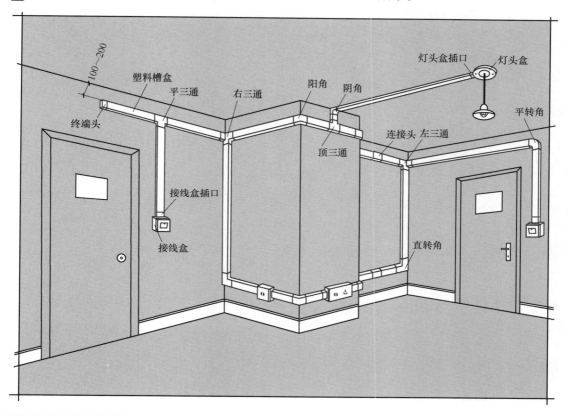

图 15-22 塑料槽盒安装整体处理

做法总结 塑料槽盒安装特点：先用玻璃胶或用螺钉把底座固定于墙地面，然后扣上电线槽面板即可。塑料槽盒安装整体处理，也就是从全部房屋角度出发，了解塑料槽盒的整体分布与走向、联系。

15.26 金属槽盒安装整体处理

节点示意图 金属槽盒安装整体处理示意图，如图 15-23 所示。

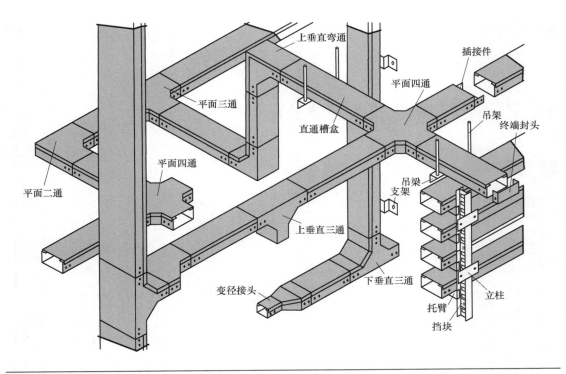

图 15-23　金属槽盒安装整体处理

📑 做法总结　金属槽盒安装整体处理，也就是掌握金属槽盒安装的全局。

15.27　卫生间等电位整体处理

➡️ 节点示意图　卫生间等电位整体处理示意图，如图 15-24 所示。

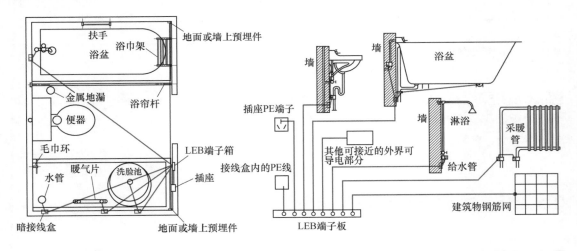

图 15-24　卫生间等电位整体处理

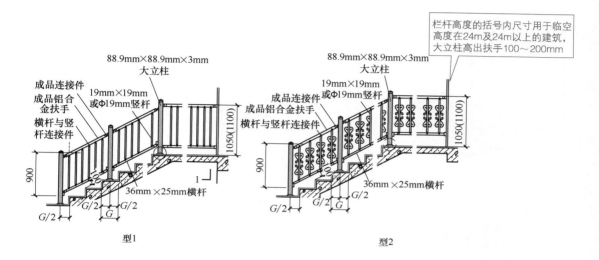

做法总结 卫生间等电位整体处理，就是需要确定 LEB 端子点位，以及 LEB 端子与各设备等电位连接，从而从整体上把握卫生间等电位整体处理。

15.28 楼梯扶手整体处理

节点示意图 楼梯扶手整体处理示意图，如图 15-25 所示。

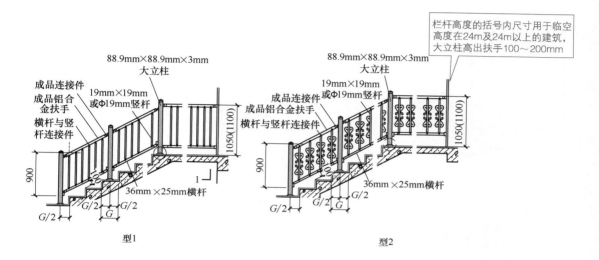

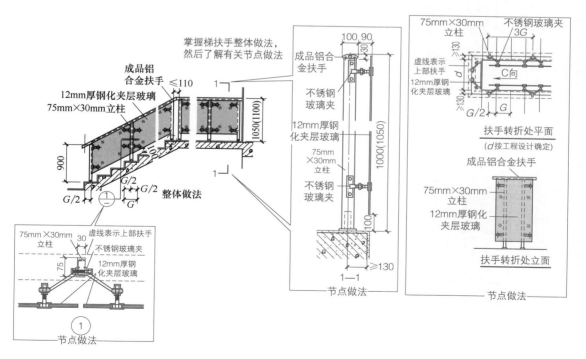

图 15-25 楼梯扶手整体处理

做法总结 楼梯扶手整体处理，首先掌握楼梯扶手整体形状、结构、连接特点、相关尺寸、标高等信息，然后掌握关键节点做法。

15.29 庭院铝合金院墙大门整体处理

节点示意图 庭院铝合金院墙大门整体处理示意图，如图15-26所示。

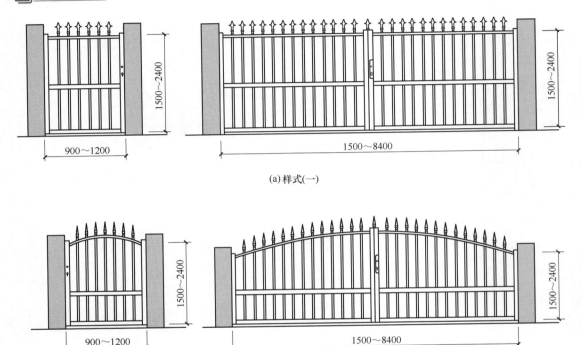

(a)样式(一)

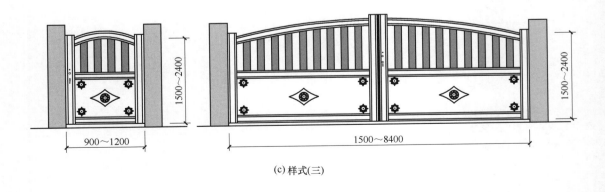

(b)样式(二)

(c)样式(三)

图15-26 庭院铝合金院墙大门整体处理

📑 做法总结   庭院铝合金院墙大门整体处理，包括大门的外形、尺寸、结构搭配、安装特点等。

15.30   家庭防范安全系统整体处理

➡️ 节点示意图   家庭防范安全系统整体处理示意图，如图 15-27 所示。

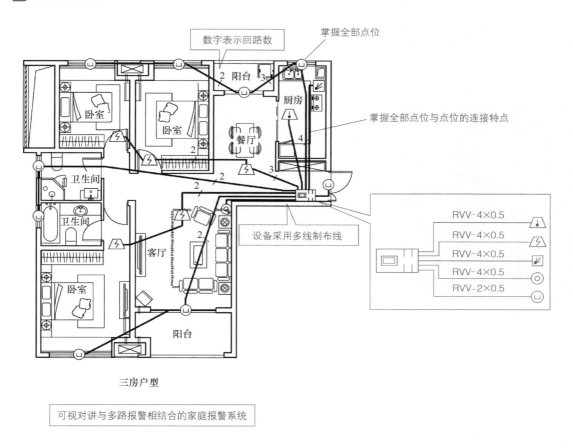

图 15-27   家庭防范安全系统整体处理

📑 做法总结   家庭防范安全，应从整体上掌握全部点位及其连接特点。

15.31   地面花形装修整体处理

➡️ 节点示意图   地面花形装修整体处理示意图，如图 15-28 所示。

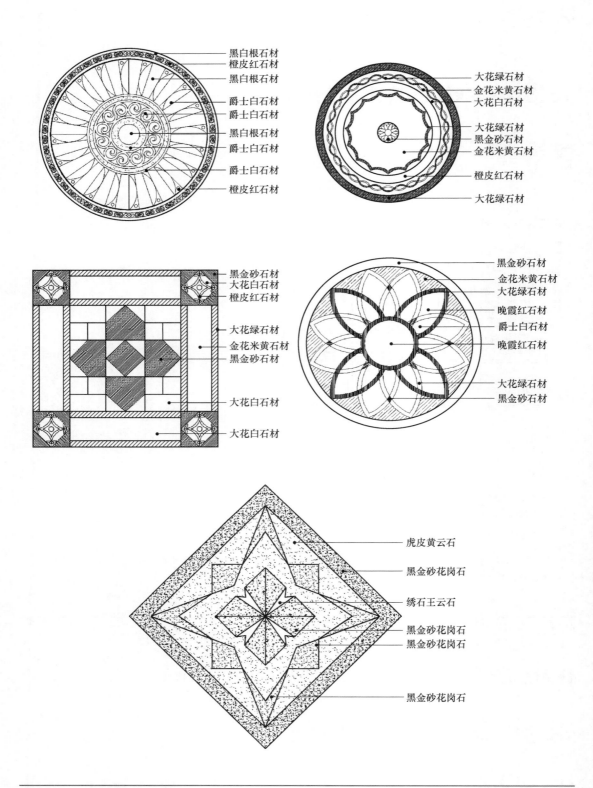

图 15-28　地面花形装修整体处理

做法总结　对于地面花形装修，必须从整体上控制拼花效果、特点符合要求。因此，根据花形特点放线，使得节点全部做完后，能够实现整体效果和特点。

15.32　双柄水嘴双槽厨房洗涤盆整体处理

节点示意图　双柄水嘴双槽厨房洗涤盆整体处理示意图，如图15-29所示。

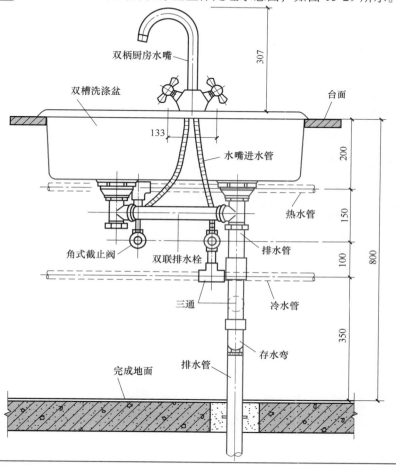

双柄厨房水嘴

双槽洗涤盆

台面

307

133

水嘴进水管

200

热水管

150

角式截止阀

双联排水栓

排水管

100

三通

冷水管

800

完成地面

排水管

存水弯

350

图 15-29　双柄水嘴双槽厨房洗涤盆整体处理

做法总结　双柄水嘴双槽厨房洗涤盆整体处理，就是需要从整体上掌握其走管方式、走管尺寸、走管连接节点等。

15.33　自动感应一体化壁挂式小便器整体处理

节点示意图　自动感应一体化壁挂式小便器整体处理示意图，如图15-30所示。

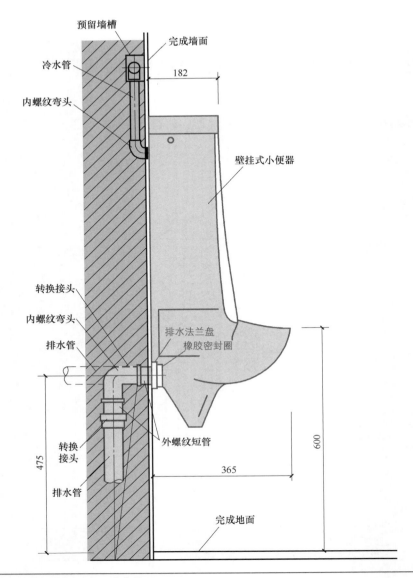

预留墙槽
完成墙面
冷水管
内螺纹弯头
182
壁挂式小便器
转换接头
内螺纹弯头
排水管
排水法兰盘
橡胶密封圈
转换
接头
外螺纹短管
排水管
475
600
365
完成地面

图 15-30　自动感应一体化壁挂式小便器整体处理

做法总结　自动感应一体化壁挂式小便器整体处理，就是需要从整体上掌握排水管高度、进水管高度、小便器安装高度等，也就是安装后需要达到的效果。

15.34　自闭式冲洗阀壁挂式小便器整体处理

节点示意图　自闭式冲洗阀壁挂式小便器整体处理示意图，如图 15-31 所示。

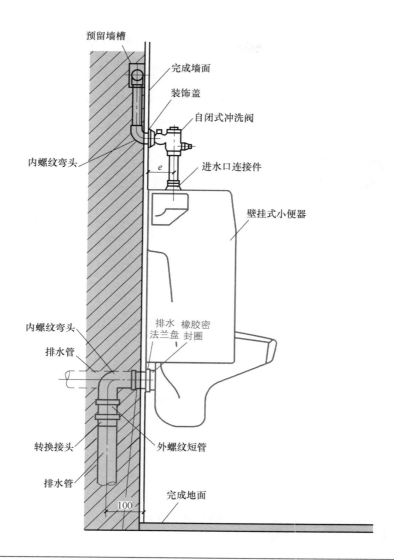

图 15-31　自闭式冲洗阀壁挂式小便器整体处理

🗒 做法总结　自闭式冲洗阀壁挂式小便器整体处理，需要从全局上掌握各节点的尺寸、连接效果等。

15.35　感应式冲洗阀蹲式大便器整体处理

➡ 节点示意图　感应式冲洗阀蹲式大便器整体处理示意图，如图 15-32 所示。

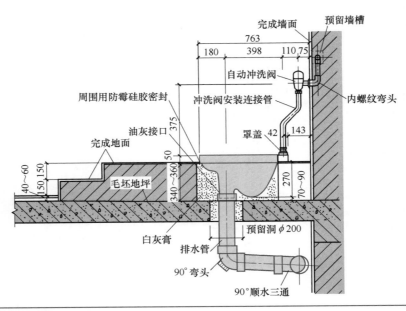

图 15-32　感应式冲洗阀蹲式大便器整体处理

📋 做法总结　对于感应式冲洗阀蹲式大便器整体处理,根据排水阀安装特点、排水管等特点,具有不同的安装形式,整体上有异同。

15.36　低水箱蹲式大便器整体处理

➡️ 节点示意图　低水箱蹲式大便器整体处理示意图,如图 15-33 所示。

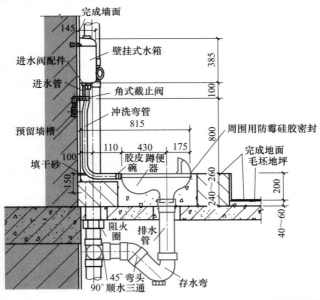

图 15-33　低水箱蹲式大便器整体处理

做法总结　进行低水箱蹲式大便器整体处理时，除了尺寸需要掌握外，还需要掌握连接环节的全局布管特点。

15.37　连体式后排水坐便器整体处理

节点示意图　连体式后排水坐便器整体处理示意图，如图 15-34 所示。

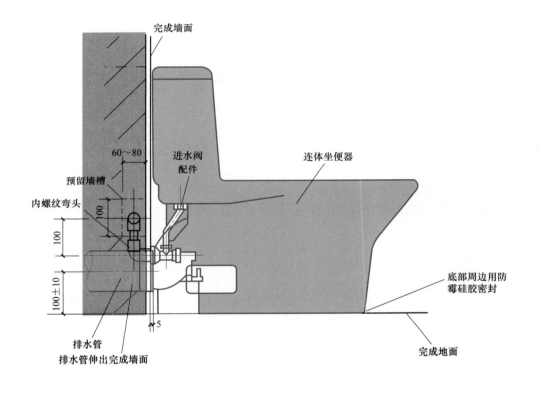

图 15-34　连体式后排水坐便器整体处理

做法总结　连体式后排水坐便器整体处理，包括后排水管的施工尺寸与布管施工特点。

15.38　连体式下排水坐便器整体处理

节点示意图　连体式下排水坐便器整体处理示意图，如图 15-35 所示。

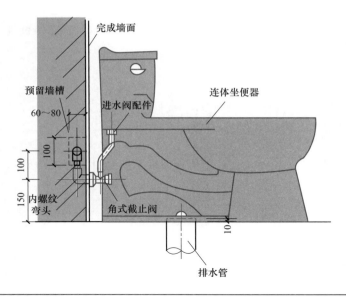

图 15-35　连体式下排水坐便器整体处理

📑 做法总结　连体式下排水坐便器整体处理，包括下排水管的施工尺寸与布管施工特点。

15.39　单柄水嘴单槽厨房洗涤盆整体处理

➡️ 节点示意图　单柄水嘴单槽厨房洗涤盆整体处理示意图，如图 15-36 所示。

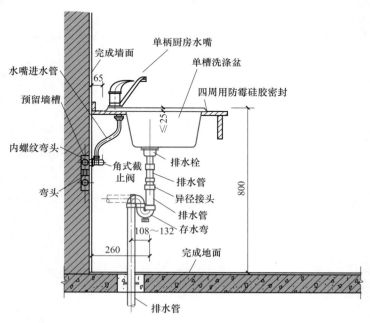

图 15-36　单柄水嘴单槽厨房洗涤盆整体处理

做法总结 单柄水嘴单槽厨房洗涤盆整体处理，需要掌握单柄水嘴的安装位置、尺寸等，以及检查安装后的情形是否符合图示。

15.40 卫生间整体处理

节点示意图 卫生间整体处理示意图，如图 15-37 所示。

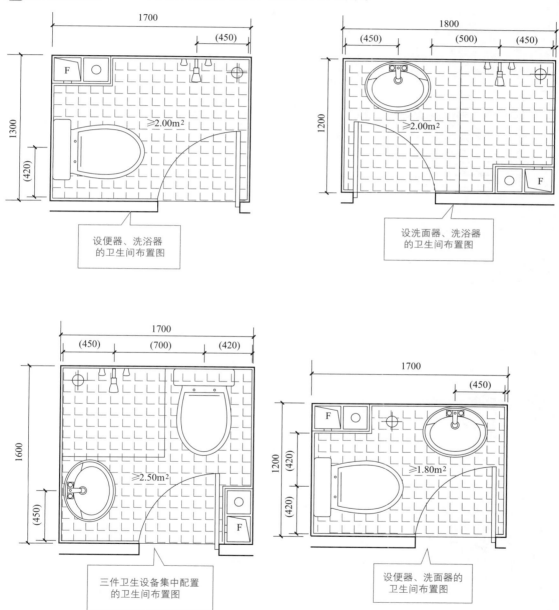

图 15-37 卫生间整体处理（图中括号内尺寸为最小距离）

做法总结 卫生间整体处理，就是掌握卫生间设备布局形式、特点、尺寸等。

15.41　下沉式卫生间整体处理

节点示意图 下沉式卫生间整体处理示意图，如图 15-38 所示。

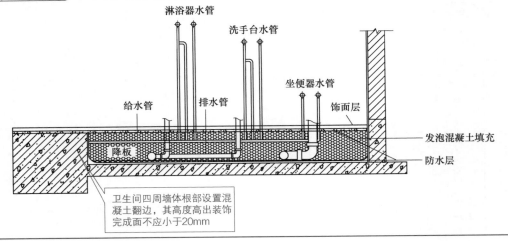

图 15-38　下沉式卫生间整体处理

做法总结 下沉式卫生间处理，需要涂刷两遍防水涂料。下沉式卫生间整体处理，就是掌握结构层、布管走向、布管连接特点、设备安装位置尺寸等。

15.42　筒瓦施工方向处理

节点示意图 筒瓦施工方向处理示意图，如图 15-39 所示。

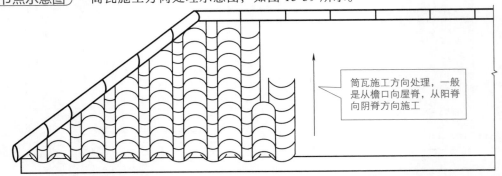

图 15-39　筒瓦施工方向处理

做法总结 筒瓦施工方向处理，一般是从檐口向屋脊，从阳脊向阴脊方向施工。

15.43　平板瓦施工屋面瓦片排布处理

→]节点示意图　平板瓦施工屋面瓦片排布处理示意图，如图 15-40 所示。

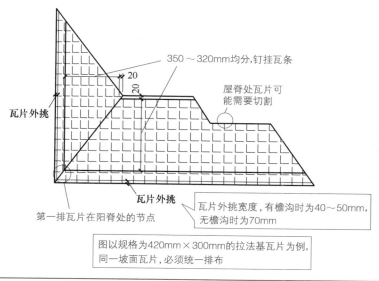

350～320mm均分,钉挂瓦条

屋脊处瓦片可能需要切割

瓦片外挑

瓦片外挑

第一排瓦片在阳脊处的节点

瓦片外挑宽度，有檐沟时为40～50mm，无檐沟时为70mm

图以规格为420mm×300mm的拉法基瓦片为例，同一坡面瓦片,必须统一排布

图 15-40　平板瓦施工屋面瓦片排布处理

■]做法总结　平板瓦施工屋面瓦片排布处理，就是掌握屋面瓦的整体形状、搭接要求、外挑要求等。

15.44　瓦屋坡面结构处理

→]节点示意图　瓦屋坡面结构处理示意图，如图 15-41 所示。

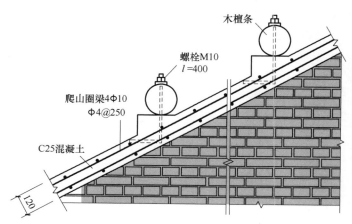

木檩条

螺栓M10
l =400

爬山圈梁4Φ10
Φ4@250

C25混凝土

120

图 15-41　瓦屋坡面结构处理

做法总结 瓦屋坡面结构处理，就是掌握瓦屋坡面形状、结构、节点、施工后的整体情况等。

15.45 瓦屋坡面十字形屋脊处理

节点示意图 瓦屋坡面十字形屋脊处理示意图，如图 15-42 所示。

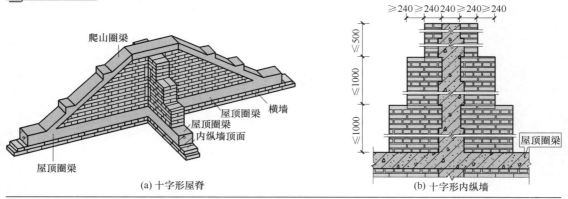

图 15-42 瓦屋坡面十字形屋脊处理

做法总结 瓦屋坡面十字形屋脊处理，就是掌握瓦屋坡面的梁结构形状、整体十字形效果要求等。

15.46 瓦屋坡面 T 形屋脊处理

节点示意图 瓦屋坡面 T 形屋脊处理示意图，如图 15-43 所示。

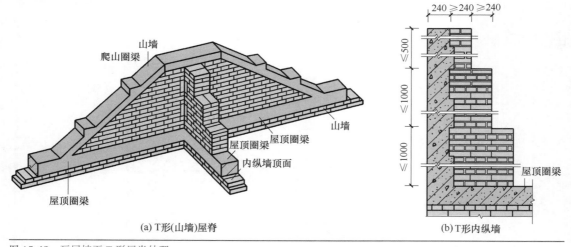

图 15-43 瓦屋坡面 T 形屋脊处理

做法总结 瓦屋坡面 T 形屋脊处理，就是掌握瓦屋坡面梁结构形状、整体 T 形效果要求等。

16.1 石膏线剖面类型（30 种）

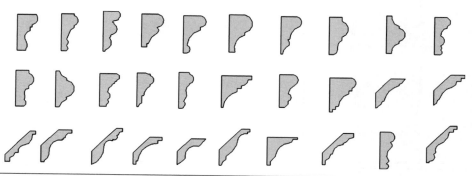

图 16-1　石膏线剖面类型

16.2 天花顶棚图（28 种）

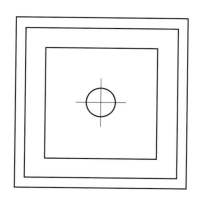 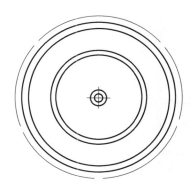

图 16-2

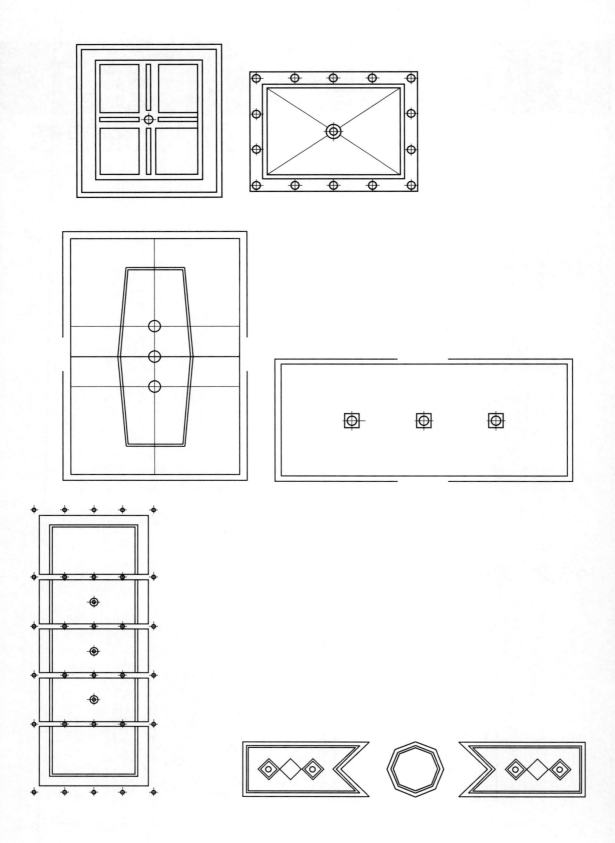

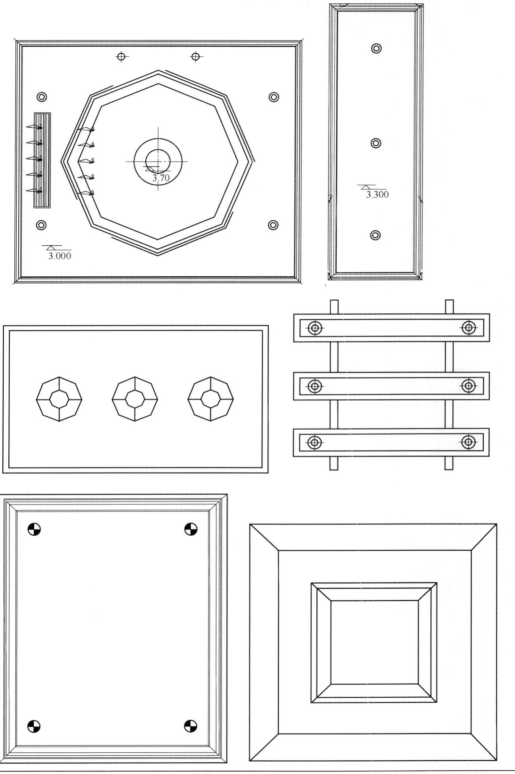

图 16-2

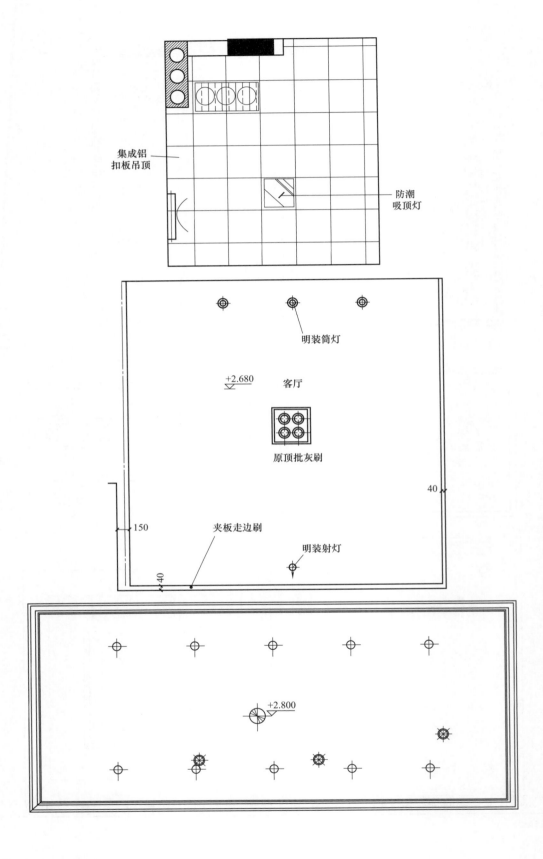

集成铝
扣板吊顶

防潮
吸顶灯

明装筒灯

+2.680

客厅

原顶批灰刷

40

150

夹板走边刷

40

明装射灯

+2.800

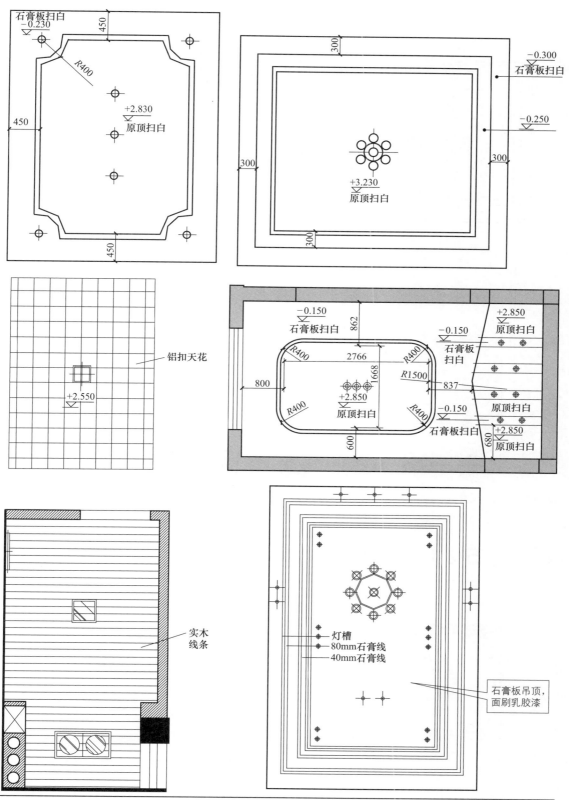

图 16-2

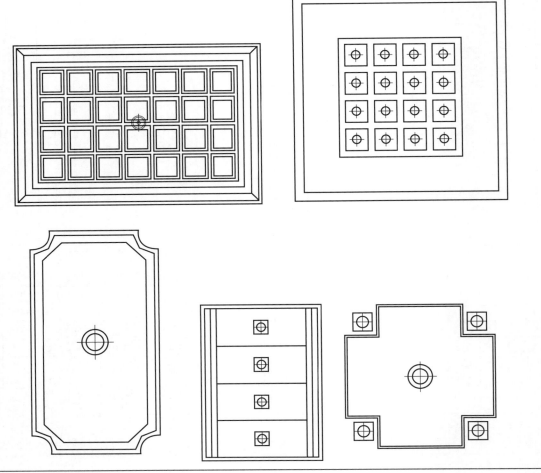

图 16-2　天花顶棚图

16.3　石材水刀拼花图案（12 种）

1250×1800

970

1490

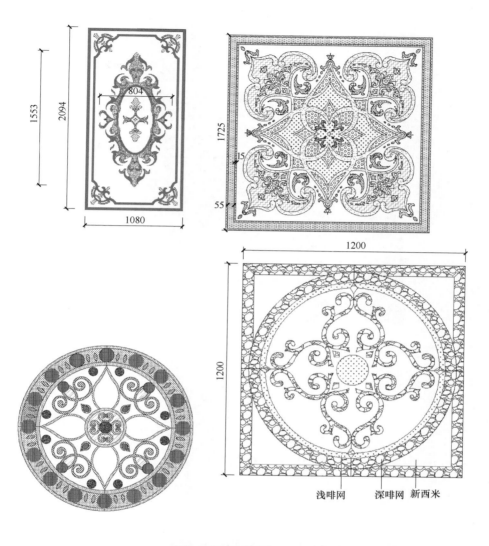

浅啡网　　深啡网　新西米

地拼大样图

图 16-3

第 16 章　整体处理速查 ◀ *215*

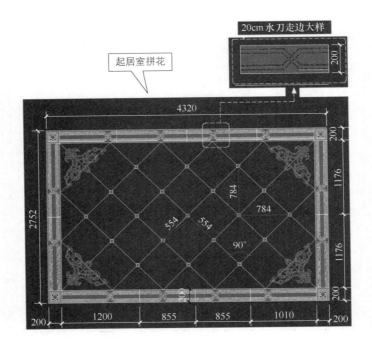

起居室拼花

20cm水刀走边大样

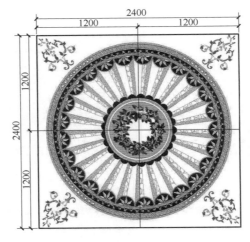

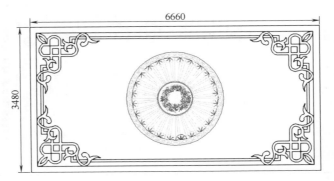

图 16-3　石材水刀拼花图案

16.4　地面拼花图案 (17 种)

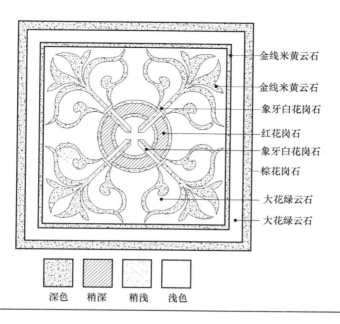

金线米黄云石

金线米黄云石

象牙白花岗石

红花岗石

象牙白花岗石

棕花岗石

大花绿云石

大花绿云石

深色　稍深　稍浅　浅色

图 16-4

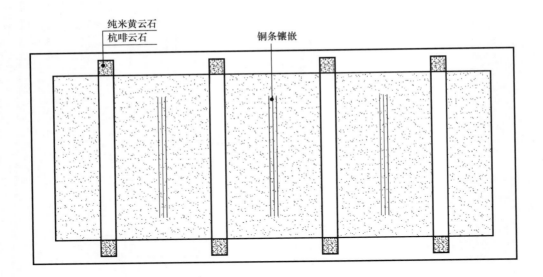

纯米黄云石
杭啡云石

铜条镶嵌

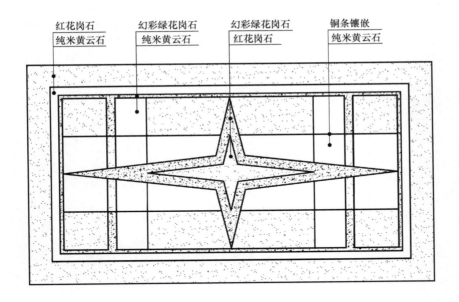

红花岗石
纯米黄云石

幻彩绿花岗石
纯米黄云石

幻彩绿花岗石
红花岗石

铜条镶嵌
纯米黄云石

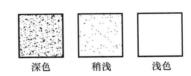

深色　　　稍浅　　　浅色

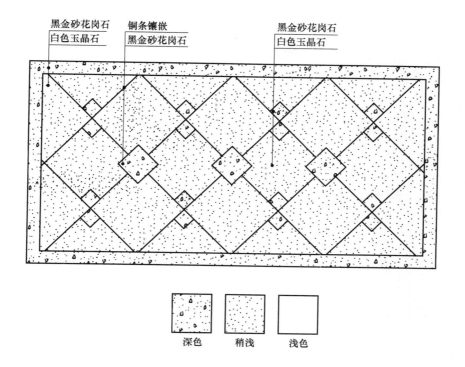

黑金砂花岗石
白色玉晶石

铜条镶嵌
黑金砂花岗石

黑金砂花岗石
白色玉晶石

深色　　　稍浅　　　浅色

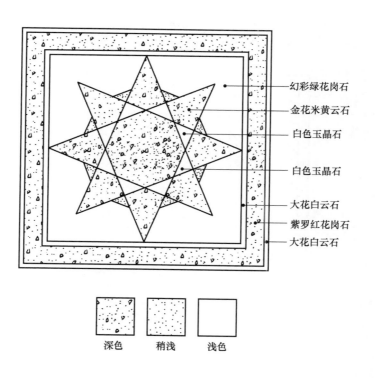

幻彩绿花岗石

金花米黄云石

白色玉晶石

白色玉晶石

大花白云石
紫罗红花岗石
大花白云石

深色　　　稍浅　　　浅色

图 16-4

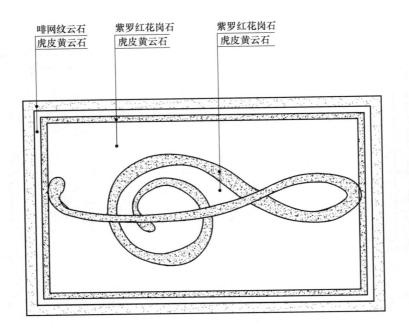

啡网纹云石
虎皮黄云石

紫罗红花岗石
虎皮黄云石

紫罗红花岗石
虎皮黄云石

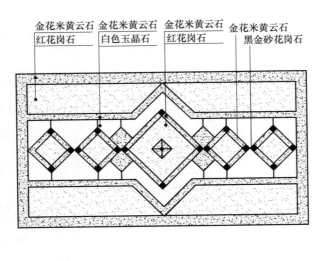

金花米黄云石
红花岗石

金花米黄云石
白色玉晶石

金花米黄云石
红花岗石

金花米黄云石
黑金砂花岗石

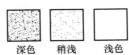

深色　　稍浅　　浅色

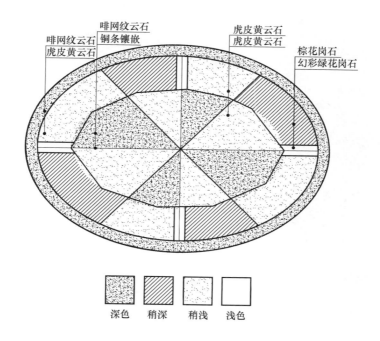

啡网纹云石
虎皮黄云石

啡网纹云石
铜条镶嵌

虎皮黄云石
虎皮黄云石

棕花岗石
幻彩绿花岗石

深色　　稍深　　稍浅　　浅色

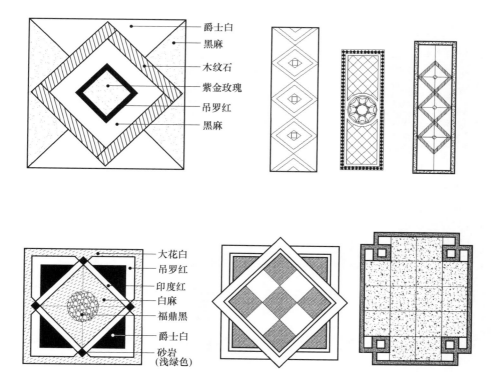

爵士白
黑麻
木纹石
紫金玫瑰
吊罗红
黑麻

大花白
吊罗红
印度红
白麻
福鼎黑
爵士白
砂岩
(浅绿色)

图 16-4

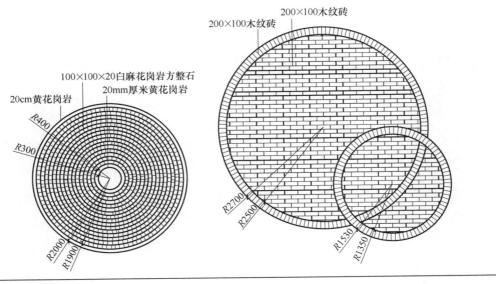

图 16-4　地面拼花图案

16.5　整体铁艺栏杆类型（10 种）

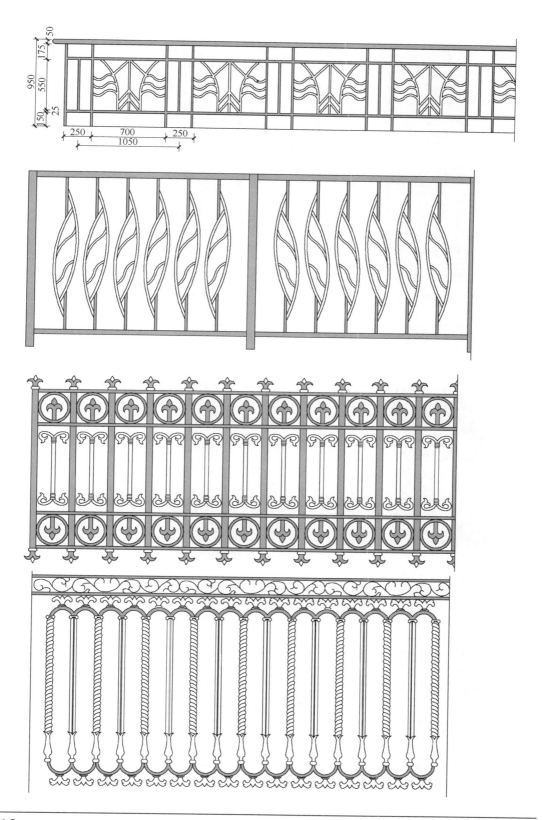

图 16-5

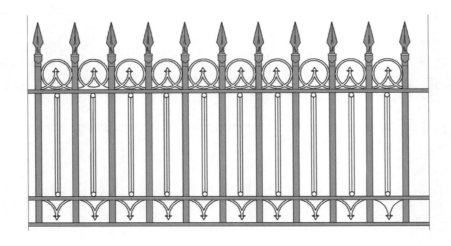

图 16-5 整体铁艺栏杆类型

16.6　楼梯类型（8 种）

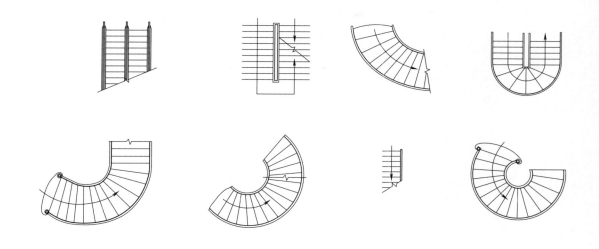

图 16-6　楼梯类型

16.7　花坛座凳（3 种）

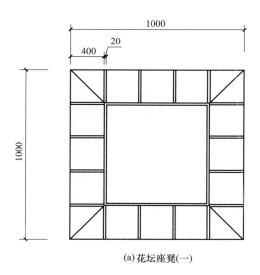

(a)花坛座凳(一)

图 16-7

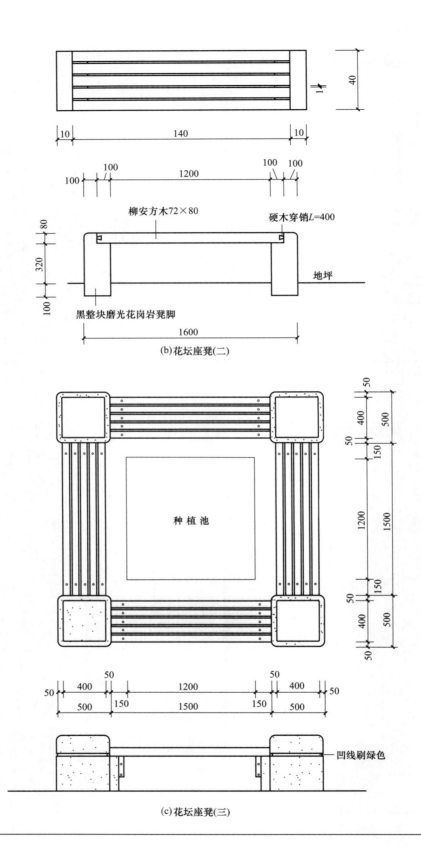

柳安方木72×80

硬木穿销L=400

地坪

黑整块磨光花岗岩凳脚

(b)花坛座凳(二)

种 植 池

凹线刷绿色

(c)花坛座凳(三)

图 16-7 座凳

16.8　树池

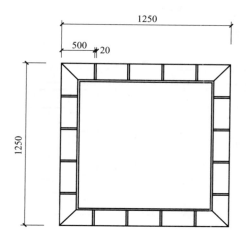

图 16-8　树池

16.9　石桌

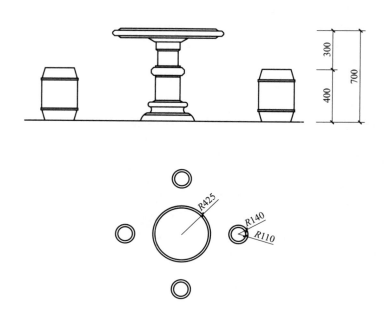

图 16-9　石桌

16.10 园路（5种）

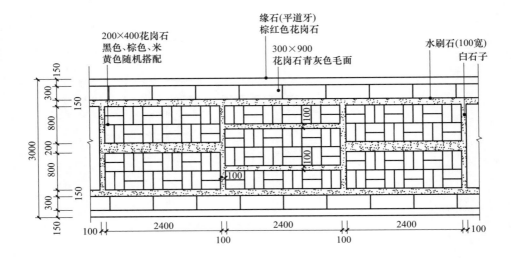

200×400花岗石
黑色、棕色、米
黄色随机搭配

缘石(平道牙)
棕红色花岗石

300×900
花岗石青灰色毛面

水刷石(100宽)
白石子

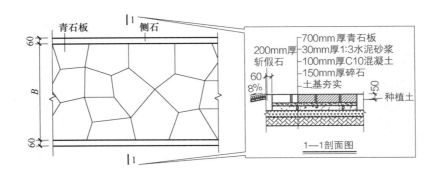

青石板
侧石

700mm厚青石板
200mm厚
斩假石
30mm厚1:3水泥砂浆
100mm厚C10混凝土
150mm厚碎石
土基夯实
种植土

1—1剖面图

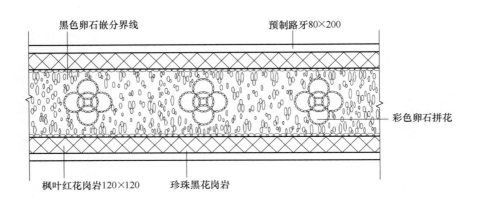

黑色卵石嵌分界线

预制路牙80×200

彩色卵石拼花

枫叶红花岗岩120×120

珍珠黑花岗岩

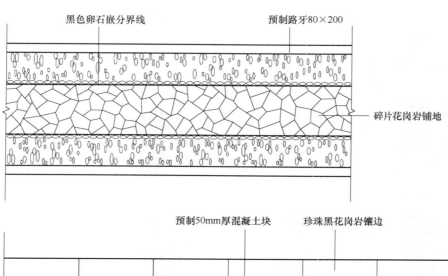

黑色卵石嵌分界线　　　　　　　　　预制路牙80×200

碎片花岗岩铺地

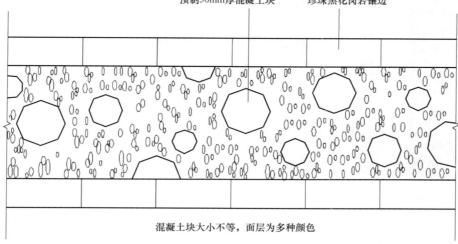

预制50mm厚混凝土块　　　　珍珠黑花岗岩镶边

混凝土块大小不等，面层为多种颜色

图 16-10　园路

附录　书中相关视频汇总

砌体采用预制三角形砌块处理	不同基体材料交接位置处理	墙体阴阳角几何尺寸保证处理	卡式龙骨吊顶处理
吊顶管线处理	浴霸、排风扇安装在铝扣板吊顶上	墙面抹灰标筋处理	铺贴瓷砖基层拉毛节点处理
厨房烟道反坎节点处理	确定全屋整体 1m 水平基准线		

参 考 文 献

［1］ 合成高分子卷材防水系统构造（一）. 16CJ75-1.

［2］ 卫生设备安装工程. 12YS1.

［3］ 建筑装饰装修施工测量放线技术规程. T/CBDA 14—2018.